新一代网络技术

New Generation
Network
Technology

李 贤 李梦雪 张俊豪 ◎主编

ZHEJIANG UNIVERSITY PRESS
浙江大学出版社
·杭州·

图书在版编目(CIP)数据

　　新一代网络技术/李贤，李梦雪，张俊豪主编. —
杭州：浙江大学出版社，2023.9
　　ISBN 978-7-308-24167-0

　　Ⅰ.①新… Ⅱ.①李… ②李… ③张… Ⅲ.①计算机
网络 Ⅳ.①TP393

　　中国国家版本馆 CIP 数据核字(2023)第 166891 号

新一代网络技术

XIN YIDAI WANGLUO JISHU

主 编　李　贤　李梦雪　张俊豪

责任编辑	李　晨
文字编辑	沈巧华
责任校对	汪荣丽
封面设计	春天书装
出版发行	浙江大学出版社
	（杭州市天目山路 148 号　邮政编码 310007）
	（网址：http://www.zjupress.com）
排　　版	杭州星云光电图文制作有限公司
印　　刷	杭州钱江彩色印务有限公司
开　　本	787mm×1092mm　1/16
印　　张	13.25
字　　数	298 千
版 印 次	2023 年 9 月第 1 版　2023 年 9 月第 1 次印刷
书　　号	ISBN 978-7-308-24167-0
定　　价	40.00 元

本书编委会

李　贤　　李梦雪　　张俊豪

徐　杰　　徐琛鉴　　赵文艳　　徐东勤

蒋亚娟　　贺婉婷

前　言

新一代信息技术产业是国民经济的战略性、基础性和先导性产业。近十年来,我国新一代信息技术产业规模效益稳步增长,创新能力持续增强,企业实力不断提升,行业应用持续深入,为经济社会发展提供了重要保障。互联网技术是新一代信息技术中的重要技术,它使人们可以通过网络进行信息交流和共享,从而极大地提高信息的传播效率。以人工智能、云计算、大数据、物联网、5G 为代表的新一代网络信息技术的飞速发展,为我国经济社会创新转型提供了全新动能,推动了生产和生活变革,使计算机网络有了更加广阔的发展空间。计算机网络技术已成为当今最热门的学科之一,因此,需要了解和掌握计算机网络相关知识的群体也在不断扩大。

本书以习近平新时代中国特色社会主义思想和党的二十大精神为指导,落实立德树人根本任务,培养学生严谨、耐心细致、精益求精的工匠精神,引导学生为全面建设社会主义现代化国家、全面推进中华民族伟大复兴而团结奋斗。

在许多高职高专院校的教学中,新一代网络技术是计算机科学与技术、计算机网络技术、软件技术、通信工程、大数据应用、网络安全与管理等专业的必修课程。本书根据高职高专"以适应社会需要为目标,以培养技术应用能力为主线,设计学生的知识、能力、素质结构和培养方案"的培养目标特点,结合多学科不同群体对计算机网络知识学习的需求,采取自下而上的方法,以应用为主线,从理论教学和实践教学两个方面,介绍了计算机网络相关知识和应用技能。本书原理讲解通俗易懂,图文并茂,例题丰富,且各章对知识点进行了归纳。

本书从人们最熟悉、使用最多的网络应用入手,也就是从高层的应用程序和应用协议开始,逐步抽丝剥茧,使读者了解和掌握数据在网络中传输的全部过程。全书共 9 章。第 1 章初识计算机网络,介绍了计算机网络的发展、组成与分类、特点和应用,以及计算机网络新技术;第 2 章网络参考模型与协议,主要介绍了网络分层原理和常见的网络分层模型,根据 OSI 参考模型分别介绍了物理层、数据链路层、网络层、传输层、会话层、表示层和应用层的相应原理、协议和实现,TCP/IP 参考模型以及 IP 协议等;第 3 章局域网技术,讨论了局域网的体系结构、以太网的基本概念、二层以太网交换机的工作流程、VLAN 的划分方式、网络中 VLAN 数据的通信过程、实现 VLAN 间通信的几种方式、STP 的基本概念与工作原理等;第 4 章路由技术,主要介绍了路由器的基本原理、路由器选择最优路由的方法、路由表的具体内容、OSPF 协议的工作原理、OSPF 协议的基础配置等;第 5 章网络扩展技术与应用,介绍了 ACL、NAT、DHCP 的概念、作用,ACL、NAT、DHCP 的工作原理,ACL、NAT、DHCP 的配置方式等;第 6 章 WLAN,涉及WLAN 技术的发展历程、WLAN 的组成原理、WLAN 基本的拓扑结构、WLAN 的一般组网方式等;第 7 章网络安全,主要讨论了网络安全基本概念、操作系统与主机安全机制、网络安全攻防技术、密码学基本概念、网络安全运营等;第 8 章计算机网络自动化过程解析,介绍了 Open Flow 的基本原理、华为 SDN 解决方案、标准 NFV 架构、华为 NFV解决方案、编程语言的分类、Python 编码规范、Python telnetlib 的基本用法等;第 9 章案例实践,通过一个园区网络搭建的实战案例和 VLAN 间路由、路由器基本配置、静态路由配置、无线局域网的组建等实验内容,帮助学生理解园区网络中的常见技术与技术的应用。

　　本书主要由郑州信息工程职业学院、深圳讯方科技有限公司联合编写,李贤、李梦雪、张俊豪担任主编,徐杰、徐琛鉴、赵文艳、徐东勤担任副主编。感谢蒋亚娟、贺婉婷对本书编写提供的帮助。

　　由于编者时间和水平有限,书中难免存在错误和不妥之处,敬请广大师生批评指正,不胜感激。

目 录

第1章 初识计算机网络

【本章导读】

随着计算机应用的日益深入,人们开始借助计算机解决许多现实问题。本章主要介绍计算机网络的发展、特点及应用等,并在此基础上介绍了几种网络新技术,即物联网、5G、大数据、人工智能、云计算等。希望读者通过学习,能够对计算机网络有全新的认识。

【学习目标】

1. 了解计算机网络的发展。
2. 掌握计算机网络的组成和分类。
3. 掌握计算机网络的特点和应用。
4. 了解计算机网络新技术。

1.1 计算机网络的发展

随着社会的发展进步,人们的生活已经离不开网络。到底什么是网络呢?

1.1.1 计算机网络概述

计算机网络是计算机技术与通信技术发展的产物,指将不同地理位置、具有独立功能的多台计算机及网络设备通过通信线路(包括传输介质和网络设备),在网络操作系统、网络管理软件及网络通信协议的共同管理和协调下实现资源共享和信息传递的系统。

1.1.2 计算机网络发展史

1.第一代,面向终端的计算机网络

20世纪60年代早期,出现面向终端的计算机网络,其主机是网络的中心和控制者,终端分布在不同的地方并与主机相连,用户通过本地的终端使用远程的主机。面向终端的计算机网络只提供终端和主机之间的通信,子网之间无法通信。

2.第二代,分组交换式的计算机网络

20世纪60年代中期,出现分组交换式的计算机网络,即局域网。该计算机网络包含多个主机互联,实现计算机与计算机之间的通信,包括通信子网和用户资源子网。在该计算机网络中终端用户可以访问本地主机和通信子网上所有主机的软硬件资源。

3. 第三代,标准化的计算机网络

20 世纪 70 年代中期,计算机网络进入标准化时代。1974 年,互联网协议(internet protocol,IP)和传输控制协议(transmission control protocol,TCP)问世,合称 TCP/IP 协议。1981 年国际标准化组织(International Organization for Standardization,ISO)制定开放系统互连参考模型(open systems interconnection reference model,OSI-RM),该模型分为七个层次,也称为 OSI 七层模型,被公认为新一代计算机网络体系结构的基础,为普及局域网奠定了基础,使不同厂家生产的计算机之间实现互联。

4. 第四代,国际化的计算机网络

从 20 世纪 90 年代中期开始,计算机网络进入信息高速公路时代,其特点为网络高速、业务多、数据量大。异步传输模式(asynchronous transfer mode,ATM)技术、综合业务数字网(integrated services digital network,ISDN)、千兆以太网(ethernet)广泛应用,使交互性应用更加广泛,如网上电视点播、电视会议、可视电话、网上购物、网上银行、网络图书馆等。

5. 计算机网络未来发展趋势

进入 21 世纪以来,计算机网络迅猛发展,网络化成为推动信息化、数字化和全球化的基础和核心,因为计算机网络系统正是一种全球开放的、数字化的综合信息系统。基于计算机网络的各种网络应用系统通过网络中对数字信息的综合采集、存储、传输、处理和利用,把全球范围内的人类社会更紧密地联系起来,并以不可抗拒之势影响和冲击着人类社会的各个方面。因此,计算机网络将成为全球信息社会重要的基础设施。

计算机网络未来的发展方向,主要为开放和大容量、一体化和方便使用、多媒体网络、高效安全的网络管理、为应用服务、智能网络等。

1.1.3　计算机网络组成与分类

计算机网络基本组成包括硬件系统和软件系统。硬件系统由计算机、传输介质(分有形和无形,如无线网络的传输介质就是空气)、网络设备(如交换机、路由器、防火墙、中继设备等)组成;软件系统由网络操作系统、应用软件组成。

计算机网络分类的标准有很多,按地理位置分类,有局域网(local area network,LAN)、城域网(metropolitan area network,MAN)、广域网(wide area network,WAN)、互联网(internet);按拓扑结构分类,有总线形、环型、星形、树形、网状;按信息的交换方式分类,有电路交换、报文交换、报文分组交换;按传输介质分类,有有线网、光纤网、无线网,局域网通常采用单一的传输介质,而城域网和广域网采用多种传输介质;按通信方式分类,有点对点传输网络、广播式传输网络;按网络使用的目的分类,有共享资源网、数据处理网、数据传输网,目前网络使用目的不是唯一的;按服务方式分类,有客户机/服务器网络、对等网。

目前被普遍认可的是,按照地理位置划分为局域网、城域网、广域网和互联网。

1. 局域网(LAN)

局域网,就是在局部地区范围内的网络,覆盖范围较小,是最常见、应用最广的一种。网络涉及的距离一般是几米至 10 千米,在计算机数量配置上没有太多的限制。局域网一般位于一个建筑物或一个单位内,不存在寻径问题,不包括网络层的应用。其特点是连接范围窄、用户数少、配置容易、连接速率高。

目前局域网最快的要数 10Gbit/s 以太网了。电气电子工程师学会(Institute of Electrical and Electronics Engineers,IEEE)的 802 标准委员会定义了多种主要的 LAN 网:以太网、令牌环网、光纤分布式数据接口(fiber distributed data interface,FDDI)网、异步传输模式网以及最新的无线局域网(wireless LAN,WLAN)。

2.城域网(MAN)

这种网络一般是在一个城市内,但不在同一地理小区,距离为 10~100 千米范围内的计算机互联。MAN 比 LAN 扩展的距离更远,连接的计算机更多。在大型城市,一个 MAN 网络通常连接多个 LAN 网。

3.广域网(WAN)

广域网也叫远程网,覆盖范围比城域网更广,一般是在不同城市之间的 LAN 或 MAN 互联,地理范围可从几百千米到几千千米。

4.互联网

互联网又称因特网,从地理范围来说,它是全球计算机的互联,无论从地理范围还是从网络规模来讲,它都是最大的一种网络,就是常说的"Web"、"WWW"和万维网等。当计算机连在互联网上时,计算机就是互联网的一部分,一旦断开连接,计算机就不属于互联网了。其优点是信息量大,传播广。

1.2　计算机网络特点与应用分析

1.2.1　计算机网络的性能指标

计算机网络的性能指标从不同的方面来度量计算机网络的性能,常用的计算机网络的性能指标有以下 7 种。

1.速率

计算机发送的信号都是数字形式的。比特(bit)是计算机中数据量的单位,也是信息论中使用的信息量的单位。英文字"bit"来源于"binary digit",意思是"二进制数字",因此一个比特就是二进制数字中的一个"1"或"0"。网络技术中的速率指的是连接在计算机网络上的主机在数字信道上传送数据的速率,也称为数据率(data rate)或比特率(bit rate)。速率是计算机网络中最重要的一个性能指标。速率的单位是 bit/s(比特每秒,即 bit per second)。现在人们常用简单的但不严格的记法来描述网络的速率,如 100M 以太网,它省略了单位中的 bit/s,意思是速率为 100Mbit/s 的以太网。

2.带宽

带宽有以下两种不同的意义。

(1)带宽本来是指某个信号具有的频带宽度。信号的带宽是指该信号所包含的各种不同频率成分所占据的频率范围。例如,在传统的通信线路上传送的电话信号的标准带宽是 3.1kHz(从 300Hz 到 3.4kHz,是话音主要成分的频率范围)。这种意义的带宽的单位是赫(或千赫、兆赫、吉赫等)。

(2)在计算机网络中,带宽用来表示网络的通信线路所能传送数据的能力,因此网络带宽表示在单位时间内从网络中的某一点到另一点所能通过的"最高数据率"。一般所说的

"带宽"就是指这个意思。这种意义的带宽的单位是比特每秒,记为 bit/s。

3. 吞吐量

吞吐量表示在单位时间内通过某个网络(或信道、接口)的数据量。吞吐量更多地用于对现实世界中的网络的测量,以便显示实际上到底有多少数据量能够通过网络。显然,吞吐量受网络的带宽或网络的额定速率的限制。例如,对于一个 100Mbit/s 的以太网,其额定速率是 100Mbit/s,那么这个数值也是该以太网的吞吐量的绝对上限值。因此,对 100Mbit/s 的以太网,其典型的吞吐量可能也只有 70Mbit/s。有时吞吐量还可用每秒传送的字节数或帧数来表示。

4. 时延

时延是指数据(一个报文或分组,甚至比特)从网络(或链路)的一端传送到另一端所需的时间。时延是个很重要的性能指标,它有时也称为延迟或迟延。

5. 时延带宽积

把以上讨论的网络性能的两个度量——传播时延和带宽相乘,就可得到另一个很有用的度量——传播时延带宽积,即时延带宽积=传播时延×带宽。

6. 往返路程时间

在计算机网络中,往返路程时间(round trip time,RTT)也是一个重要的性能指标,它表示从发送方发送数据开始,到发送方收到来自接收方的确认(接受方收到数据后便立即发送确认)总共经历的时间。当使用卫星通信时,往返路程时间相对较长。

7. 利用率

利用率有信道利用率和网络利用率两种。信道利用率指某信道被利用的百分率(有数据通过),完全空闲的信道的利用率是零。网络利用率是全网络的信道利用率的加权平均值。

1.2.2　计算机网络的拓扑结构

计算机网络的拓扑结构是指网络中各种设备的物理布局,它反映的是网络中计算机各类设备的连接构型。可以把主机、工作站和交换机等设备抽象为"节点";把网络传输中的光纤、电缆等通信介质抽象为"线"。由节点和线组成的二维图像可以抽象为网络拓扑结构。

常见的网络拓扑结构如图 1-1 所示,可以分为环形、总线型、树形、星形、网状等。

1. 星形拓扑结构

每个节点都通过一条点对点链路与中心节点相连,如图 1-1(a)所示。中间节点可以是转接中心,起到连通作用;也可以是主机,具有数据处理和转接功能。星形结构有如下常见的工作方式。

(1)广播式的星形结构:在中央交换机从一个节点接收到信息后,向所有的其他节点进行转发。

(2)交换式星形结构:中央交换机只向目的地址指定的节点转发。

星形结构的特点是组网容易、便于集中控制和管理、结构简单。存在的缺点是中心节点负担较重,若中心节点出现故障则可能造成全网瘫痪,线路的利用率不高。

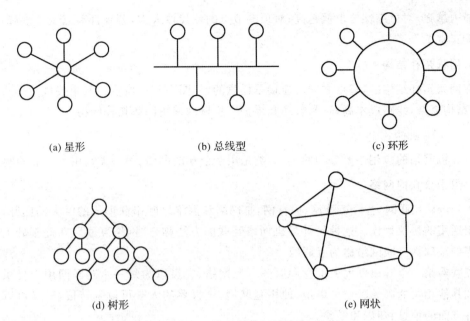

(a) 星形　　　　　　　　(b) 总线型　　　　　　　　(c) 环形

(d) 树形　　　　　　　　　　　　　(e) 网状

图 1-1　常见网络拓扑结构

2. 总线型拓扑结构

在一条高速公用总线上连接若干个节点设备的结构称为总线型拓扑结构,如图 1-1(b)所示。总线型拓扑结构上所有节点共享总线上的所有容量。每个节点都能侦听到接收到的数据。一个节点向另外一个节点发送数据时,先向整个网络发出一条广播警报消息,所有的节点将被通知发送数据,目标节点将接收发送节点发送的数据。中间的其他节点可以忽略此消息。

总线型拓扑结构具有简单灵活、节点响应快、可靠性高、成本低等优点。缺点是总线故障会影响整个网络的通信。某一节点发出的信息可以被其他所有节点收到,安全性低。

3. 环形拓扑结构

环形拓扑结构是闭合环形线路,是由各个节点首尾相接形成的,如图 1-1(c)所示。环形结构中的数据传送是单向流动的,沿一个方向从一站传到另一站,每个站点都需安装接收、放大信号的中继器。

环形拓扑结构的优点是可靠性强、结构简单、便于管理。存在的缺点是若一个节点发生故障,就会引起全网故障;环路封闭使扩充节点、删除节点不便。

4. 树形拓扑结构

在实际建造一个较大的网络时,通常采用多级星形网络,将多级星形网络按层次方式排列,则形成树形网络,如图 1-1(d)所示。故树形拓扑结构可以看成星形拓扑结构的延伸。在树形拓扑结构中,节点按照层次进行连接,中央处理器是最高层,终端是最底层,而其他各层可以是集中器、多路转换器或计算机。信息交换主要在上、下层节点上进行,相邻或同层节点之间数据交换量小或不进行数据交换。

树形拓扑结构易于扩展,可以扩展出许多分支或者子分支。缺点是越靠近顶端的节点,处理能力越强,对可靠性要求就越高;对顶端节点的依赖性太大,若顶部节点发生故障,全网就不能正常工作。

5.网状拓扑结构

在网状拓扑结构中,节点之间的连接是任意的,如图 1-1(e)所示。其主要优点是可靠性高,但结构复杂,线路成本高,不易管理和维护。广域网采用网状拓扑结构。

1.2.3 计算机网络的应用

计算机网络的应用主要分为两类:一类是用于公众的网络;另一类是用于企业的网络。

1.用于公众的网络

internet(互联网)音译英特网、因特网,是网络和网络之间串联形成的巨大的国际网络,以一组通用的协议相连。这种将计算机网络互联的方法称作"网络互联",在此基础上覆盖全世界的全球性互联网络称为互联网。

互联网是一个规模巨大的信息和服务资源网络,它可以为每一个互联网用户提供有用信息和其他相关的服务。也可以说,使用互联网,全世界的人既可以发布信息,又可以从中得到各方面的信息、知识和经验。

2.用于企业的网络

用于企业的网络又称为企业内部网,或内网、内部网及内联网。内部网建立在企业或组织内部,并为其使用者提供信息的共享、交流等相关服务,如收发电子邮件、文件传输等,都是内联网技术在企业或组织内部的应用。

内部网是互联网的发展和延伸,它具有互联网允许不同计算机互通及易于上网的特性,因此而迅速发展。内部网在组织网络和管理上优点显著,它可以有效地避免无整体设计、可靠性差、缺乏统一的管理和维护及网络结构不清晰等弊端,使得组织或企业内部的敏感信息或机密数据受到防火墙的保护。因此,它同互联网相比更安全、更可靠,有利于企业或组织内部加强信息管理与提高工作效率,通常被形象地称为企业或组织防火墙的互联网。

内部网提供的是一个相对封闭的环境,在企业或组织内部这种网络是开放并且有层次的,具有使用权限的内部人员访问内联网可以不受限制,但如果是外来人员访问网络,则有严格的授权机制。同时内部网并不是完全自我封闭的,对企业内部人员来说,有助于其有效地交流信息;对合伙人、客户等必要的外来人员开放,通过设立安全网关,允许某些信息在内部网与外部网之间进行往来。

内部网给企业信息化带来发展机会,解决了传统企业信息网络开发中不可避免的缺陷,实现了大面积的协作,打破了信息共享的障碍。并且以省投资、易开发、应用便捷、安全开放、图文并茂等特点,成为新一代信息化的模式。

1.3 走进计算机网络新技术

1.3.1 物联网

在物联网中,物理对象可以积极参与业务流程,人们可以通过互联网与"智能对象"进行互动,询问和改变他们的状态或者其他任何有关的信息。

物联网是在互联网的基础上,利用射频标签与无线传感器网络等物理接入与传输技术,构建的覆盖世界上所有人与物的网络信息系统,强调的是人与物、物与物之间信息的自动交互和共享。

物联网强调无处不在的信息采集,无处不在的传输、存储和计算处理,无处不在的"对话",其表现出鲜明的特性,即全面有效的感知、广泛的互联互通、共享且深入的智能分析处理、个性化的体验等。

从内涵上看,物联网已经成为以数据为核心、多业务融合"虚拟+实体"的信息化系统。其体系结构可以分为感知互动层、网络传输层和应用服务层。

1.3.2　5G

第五代移动通信技术(5th generation mobile communication technology,5G)是具有高速率、低时延和大连接特点的新一代宽带移动通信技术,是实现人、机、物互联的网络基础设施。与 4G、3G、2G 不同的是,5G 并不是独立的、全新的无线接入技术,而是对现有无线接入技术(包括 2G、3G、4G 和 Wi-Fi)的演进,以及一些新增的补充性无线接入技术集成后解决方案的总称。从某种程度上讲,5G 是一个真正意义上的融合网络,以融合和统一的标准,提供人与人、人与物以及物与物之间高速、安全和自由的联通。

1.3.3　大数据

大数据需要新处理模式(有更强的决策力、洞察力和流程优化能力)来适应海量、多样化和高增长率的信息资产。

大数据一旦涉及两种以上的数据形式,通常就是数据量 100TB 以上的高速、实时数据流,或者从小数据开始,但数据每年会增长 60% 以上。

大数据具有体量(volume)巨大、类型(variety)繁多、处理速度(velocity)快、价值(value)密度低等特征,简称 4V 特征。

1.3.4　人工智能

人工智能(artificial intelligence,AI),是研究、开发用于模拟、延伸和扩展人的智能的理论、方法、技术及应用系统的一门新的技术科学。

人工智能是计算机科学的一个分支,它试图了解智能的实质,并生产出一种新的能以与人类智能相似的方式做出反应的智能机器,该领域的研究包括机器人、语言识别、图像识别、自然语言处理和专家系统等。人工智能从诞生以来,理论和技术日益成熟,应用领域也不断扩大,可以设想,未来人工智能带来的科技产品,将会是人类智慧的"容器"。人工智能是对人的意识、思维的信息过程的模拟。人工智能不是人的智能,但能像人那样思考,也可能超过人的智能。

1.3.5　云计算

"云"实质上就是一个网络。云计算(cloud computing)是分布式计算的一种,指的是通过网络"云"将巨大的数据计算处理程序分解成无数个小程序,然后由多个服务器组成的系统对这些小程序进行处理和分析,得到结果并反馈给用户。早期云计算就是简单的分布式计算,解决任务分发,并进行计算结果的合并。因而,云计算又称为网格计算。通过这项技术,可以在很短的时间(几秒钟)内完成对数以万计的数据的处理,从而增强网络服务。

现阶段所说的云服务已经不单单是一种分布式计算,而是分布式计算、效用计算、负载均衡、并行计算、网络存储、热备份冗杂和虚拟化等计算机技术混合演进并跃升的结果。

小　结

　　计算机网络的迅速发展,给人们带来了极大的便利,它彻底颠覆了传统搜集和浏览信息的模式,无论在学习上,还是在工作和生活中,都彻底地改变了人们的习惯和行为,它给人类带来了极大的利益。社会对网络技术人才的要求越来越高,网络新技术也在蓬勃发展,学好网络技术势在必行。

思考与练习

　　1.计算机网络的组成与分类有哪些?

　　2.计算机网络是什么?

　　3.计算机网络的拓扑结构有哪些? 分别有什么优缺点?

　　4.计算机网络的应用有哪两种?

　　5.计算机网络新技术有哪些?

自我检测

　　1.按照地理位置划分,计算机网络可以分为(　　)。

　　A. LAN　　　　　　B. MAN　　　　　　C. WAN　　　　　　D. internet

　　2.计算机网络类型,可以按照(　　)进行划分。

　　A.地理位置　　　　B.拓扑结构　　　　C.传输介质　　　　D.通信方式

　　3.(　　)拓扑结构是闭合环形线路,是由各个节点首尾相接形成的。

　　A.总线型　　　　　B.环形　　　　　　C.网状　　　　　　D.树形

　　4.(　　)拓扑结构是每个节点都通过一条点对点链路与中心节点相连。

　　A.星形　　　　　　B.总线型　　　　　C.环形　　　　　　D.树形

　　5.(　　)具有最高的可靠性。

　　A.星形网络　　　　B.环形网络　　　　C.网状网络　　　　D.树形网络

第2章 网络参考模型与协议

【本章导读】

网络参考模型与协议是指开放系统互连（open system interconnect，OSI）参考模型，以及基于该模型层级进行划分的各网络通信协议。OSI参考模型是由国际标准化组织提出的，是试图使全世界各种计算机在标准框架内实现网络互联的一种概念模型。

本章主要讲解OSI参考模型和TCP/IP参考模型，以及IP协议。

【学习目标】

1.了解OSI参考模型的产生与发展。

2.掌握OSI参考模型的分层结构及各层功能。

3.熟悉OSI参考模型的数据传输过程。

4.掌握TCP/IP参考模型的分层结构及各层功能。

2.1 OSI参考模型及分层概述

2.1.1 认识OSI参考模型

1.模型简介

要实现不同厂家生产的计算机之间以及不同网络之间的数据通信，就必须遵循相同的网络体系结构模型，否则异种计算机就无法连接成网络，这种共同遵循的网络体系结构模型就是国际标准——开放系统互连参考模型（OSI/RM）。

ISO/IEC 7498是ISO发布的著名标准，其又称为X.200建议，将OSI/RM依据网络的功能划分成7个层次，以实现开放系统环境中的互连性（interconnection）、互操作性（interoperability）和应用的可移植性（portability）。

2.分层原则

ISO将整个通信功能划分为物理层、数据链路层、网络层、传输层、会话层、表示层、应用层共7个层次，分层原则如下：

（1）网络中各节点都有相同的层次；

（2）不同节点的同等层具有相同的功能；

（3）同一节点内相邻层之间通过接口通信；

（4）每一层使用下层提供的服务，并向其上层提供服务；

（5）不同节点的同等层按照协议实现对等层之间的通信。

低三层可看作传输层,负责有关通信子网的工作,解决网络中的通信问题;高三层为应用层,负责有关资源子网的工作,解决应用进程的通信问题;传输层为通信子网和资源子网的接口,起到连接传输层和应用层的作用。

3. 数据传输过程与对等层

1) 数据传输过程

数据经发送端的各层从上到下逐步加上各层的控制信息,由此构成的比特流传输到物理信道,然后传输到接收端的物理层,并从下到上逐层去掉相应层控制信息,最终传送到应用层的进程,即为数据传输过程。

以主机 A 发送某应用程序消息 M 至主机 B 为例,消息 M 的传输过程如图 2-1 中虚线路径所示。

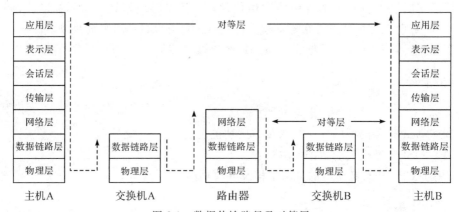

图 2-1　数据传输路径及对等层

2) 对等层

对等层(peer layers)是指在计算机网络协议层次中,将数据直接传递给对方的任何两个逻辑上同等级的层次,如图 2-1 所示。

两个计算机通过网络进行通信时,除了物理层之外(只有物理层才有直接连接),其余各对等层之间均不存在直接的通信关系,而是通过各对等层的协议来进行通信的,如两个对等的网络层使用网络层协议通信。只有两个物理层之间才通过媒体进行真正的数据通信。

2.1.2 物理层

在 OSI 参考模型中,物理层(physical layer)是参考模型的最低层,也是 OSI 模型的第一层。其主要功能是利用传输介质为数据链路层提供物理连接,实现比特流的透明传送。

物理层的作用是实现相邻计算机节点之间比特流的透明传送,尽可能屏蔽具体传输介质和物理设备的差异。需要注意的是,物理层并不是指连接计算机的具体物理设备或传输介质,如双绞线、同轴电缆、光纤等,而是要使其上面的数据链路层感觉不到这些差异,这样可使数据链路层只需要考虑如何完成本层的协议和服务,而不必考虑网络的具体传输介质是什么。"透明传送比特流"表示经实际电路传送后的比特流没有发生变化,对传送的比特流来说,这个电路好像是看不见的,当然,物理层并不需要知道哪几个比特代表什么意思。

为了实现物理层的功能,该层所涉及的内容主要有以下几个方面。

1.通信连接端口与传输媒体的物理和电气特性

1)机械特性

机械特性规定了物理连接器的现状、尺寸、针脚的数量,以及排列状况等。例如,EIA-RS-232-D 标准规定使用 25 根引脚的 DB-25 插头座,其两个固定螺丝之间的距离为(47.04±0.17)mm 等。

2)电气特性

电气特性规定了在物理连接信道上传输比特流时的信号电平、数据编码方式、阻抗及其匹配、传输速率和连接电缆最大距离的限制等。例如,EIA-RS-232-D 标准采用负逻辑,即逻辑"0"(相当于数据"0")或控制线处于接通状态时,相对信号的地线有+5～+15V 的电压;当其连接电缆不超过 15 米时,允许的传输速率不超过 20kbit/s。

3)功能特性

功能特性规定了物理接口各个信号线的具体功能和含义,如数据线和控制线等。例如,IA-RS-232-D 标准规定的 DB-25 插头座的引脚 2 和引脚 3 均为数据线。

4)规程特性

规程特性规定了利用信号线进行比特流传输时的操作过程,例如信号线的工作规则和时序等。

2.同步技术和传输方式

物理层指定收发双方在传输时使用的传输方式,以及为通信的收发双方在时间基准上保持同步而采用的同步技术。同步技术主要通过数据传输技术来实现,可分为同步传输和异步传输两种方式。

(1)同步传输是通过时钟控制实现每个数据位都使用相同的时间间隔来发送,接收端也必须以与发送端相同的时间间隔接收每一位的数据信息。其具有成本低、效率高的特点,适合高速的数据传输,并引入相应校验技术保证每一位数据传输准确。

(2)异步传输是每一个字符独立形成一个帧进行传输,一个连续的字符串被封装成连续的独立帧进行传输,各个字符间隔可以是任意的。异步传输实现比较容易,但由于每个字符都加入控制信息形成独立的帧,故而会产生较大额外开销,且不利于高速的数据传输。

2.1.3　数据链路层

数据链路(data link)是从发送端经过通信线路到接收端,物理上的传送路径和逻辑上的传输信道的总称。除物理线路外,需有相应链路协议来建立、保持、释放一个逻辑数据连接并经由链路传送数据。

数据链路层(data link layer)是 OSI 模型的第二层,负责建立和管理节点间的链路。该层的主要功能是,通过各种控制协议,将有差错的物理信道变为无差错的、能可靠传输数据帧的数据链路。

在计算机网络中由于存在各种干扰,物理链路是不可靠的。因此,这一层的主要功能是在物理层提供的比特流的基础上,通过差错控制、流量控制的方法,使有差错的物理线路变为无差错的数据链路,即提供可靠的通过物理介质传输数据的方法。

数据链路层通常又可分为介质访问控制(medium access control,MAC)和逻辑链路控制(logical link control,LLC)两个子层。

(1)MAC子层的主要任务是解决共享型网络中多用户对信道竞争的问题,完成网络介质的访问控制。

(2)LLC子层的主要任务是建立和维护网络连接,执行差错校验、流量控制和链路控制。

数据链路层的具体工作是:①接收来自物理层的位流形式的数据,并将其加工(封装)成帧,传送到上一层;②将来自上层的数据包,拆装为位流形式的数据转发到物理层;③负责处理接收端发回的确认帧的信息,以便提供可靠的数据传输。

1.CSMA/CD

带冲突检测的载波监听多路访问(carrier sense multiple access with collision detection,CSMA/CD),即载波监听多路访问/冲突检测,是广播型信道中采用一种随机访问技术的竞争型访问方法,具有多目标地址的特点。它通过边发送数据边监听线路的方法尽可能减少数据碰撞与冲突。采用分布式控制方法,所有节点之间不存在控制与被控制的关系。

CSMA/CD诞生在早期总线型网络中,其有效地降低了设备的数据发送冲突。其特性主要包括如下三个方面。

1)多点接入

即作用在总线型网络,许多计算机以多点接入的方法连接在一根总线上。

2)载波监听

即监听信道,用于检测总线上有没有其他计算机在传输数据,发送前后每个主机都必须不停地检测信道,以判定信道是否空闲。

3)碰撞检测

即边发送边监听,适配器边发送数据边检测信道上的信号电压变化情况,以此判断是否有别人在发送数据。若没有检测到电压,即信道为空闲状态,则可以发送数据;若检测到极大或极小的电压,就说明有两个及以上主机的信号发生了碰撞(电磁波相遇),此时适配器就会立即停止发送数据。

2.数据帧

数据帧是数据链路控制数据传输的具体表现形式。如图2-2所示,完整的数据帧的开销包括前导、数据帧结构和帧间隙三部分。

前导部分包括前导码(7字节)和帧开始定界符(1字节)。

数据帧结构部分因具体数据帧类型所包含的内容而有所区别,常见的数据帧结构有Ethernet_Ⅱ、IEEE 802.3、IEEE 802.1Q等,其帧结构如图2-2所示。

帧间隙主要表示两个帧发送间隔的大小。结合CSMA/CD特性,为避免发送冲突,设备发送完一个数据帧后通常不会立刻发送下一个数据帧,而是等待一定的间隔后才会继续发送,最小间隔为12字节。

在计算以太网帧的带宽开销时,通常需统计前导、数据帧结构和帧间隙三者的开销之和。

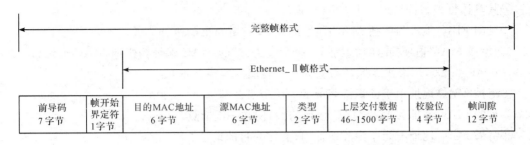

图 2-2 数据帧结构

3. 物理地址

MAC 地址也称物理地址、硬件地址、网卡地址,由网络设备制造商生产时烧录在网卡的只读存储器中。MAC 地址由 48 位二进制数构成,通常表示为 12 个 16 进制数,如图 2-3 所示 (00-00-01-FF-FF-EE),其中前 3 个字节(00-00-01)代表网络硬件制造商的编号,它由电气电子工程师学会(IEEE)分配,后 3 个字节(FF-FF-EE)代表该制造

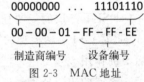

图 2-3 MAC 地址

商所制造的某个网络产品的编号。只要不更改自己的 MAC 地址,MAC 地址在世界范围内就是唯一的。形象地说,MAC 地址就如同身份证号码,具有唯一性。

一个制造商在生产制造网卡之前,必须先向 IEEE 注册,以获取一个长度为 24 位(3 字节)的厂商代码,也称为组织唯一标识符(organizationally unique identifier,OUI)。后由厂商自行分派,这个代码是各个厂商制造的所有网卡的唯一编号。

MAC 地址可以分为 3 种类型。

(1)单播 MAC 地址:也称物理 MAC 地址,这种类型的 MAC 地址唯一地标识了以太网上的一个终端,该地址为全球唯一的硬件地址。其特点如下:

①单播 MAC 地址用于标识链路上的一个单一节点。

②目的 MAC 地址为单播 MAC 地址的帧,发往一个单一的节点。

③单播 MAC 地址可以作为源或目的地址。

注意:单播 MAC 地址具有全球唯一性,当一个二层网络中接入了两台具有相同 MAC 地址的终端时(例如误操作等),将会引发通信故障(例如这两台终端无法相互通信),且其他设备与它们之间的通信也会存在问题。

(2)广播 MAC 地址:全"1"的 MAC 地址,用来表示局域网上的所有终端设备。其特点如下:

①广播 MAC 地址可以理解为一种特殊的组播 MAC 地址。

②其具体格式为:FF-FF-FF-FF-FF-FF。

③目的 MAC 地址为广播 MAC 地址的帧,发往链路上的所有节点。

(3)组播 MAC 地址:除广播地址外,第 7 位为"1"的 MAC 地址为组播 MAC 地址(例如 01-00-00-00-00-00),用来代表局域网上的一组终端。其特点如下:

①组播 MAC 地址用于标识链路上的一组节点。

②目的 MAC 地址为组播 MAC 地址的帧,发往一组节点。

③组播 MAC 地址不能作为源地址,只能作为目的地址。

2.1.4 网络层

网络层(network layer)是 OSI 参考模型的第三层,它是 OSI 参考模型中最复杂的一层,也是通信子网的最高一层。它在下两层的基础上向资源子网提供服务。

该层的主要任务是,通过路由选择算法,为报文或分组通过通信子网选择最恰当的路径。该层控制数据链路层与传输层之间的信息转发,建立、维持和终止网络的连接。具体地说,数据链路层的数据在这一层被转换为数据包,然后通过路径选择、分段组合、顺序、进/出路由等控制,将信息从一个网络设备传送到另一个网络设备。

一般地,数据链路层解决同一网络内节点之间的通信,而网络层主要解决不同子网间的通信。例如在广域网之间通信时,必然会遇到路由(即两节点间可能有多条路径)选择问题。

2.1.5 传输层

OSI 下三层的主要任务是数据通信,上三层的任务是数据处理。而传输层(transport layer)是 OSI 参考模型的第 4 层,因此该层是通信子网和资源子网的接口和桥梁,起到承上启下的作用。

该层的主要任务是向用户提供可靠的端到端的差错和流量控制,保证报文的正确传输。传输层的作用是向高层屏蔽下层数据通信的细节,即向用户透明地传送报文。该层常见的协议有 TCP/IP 中的 TCP 协议、Novell 网络中的 SPX(sequenced packet exchange,序列分组交换)协议和微软的 NetBIOS/NetBEUI 协议。

传输层提供会话层和网络层之间的传输服务,这种服务从会话层获得数据,并在必要时,对数据进行分割。然后,传输层将数据传递到网络层,并确保正确无误地把数据传送到网络层。因此,传输层负责两个节点之间数据的可靠传送,当两个节点的联系确定之后,传输层则负责监督工作。综上,传输层的主要功能如下:

(1)传输连接管理:提供建立、维护和拆除传输连接的功能。传输层在网络层的基础上为高层提供"面向连接"和"面向无连接"的两种服务。

(2)处理传输差错:提供可靠的"面向连接"和不太可靠的"面向无连接"的数据传输服务,进行差错控制和流量控制。在提供"面向连接"服务时,通过这一层传输的数据将由目标设备确认,如果在指定的时间内未收到确认信息,数据将被重发。

2.1.6 会话层

会话层(session layer)是 OSI 模型的第五层,是用户应用程序和网络之间的接口,主要任务是向两个实体的表示层提供建立和使用连接的方法。将不同实体之间的表示层的连接称为会话(session)。故而,会话层在运输层提供的服务上,加强了会话管理、同步和活动管理等功能,其具体功能如下:

1. 实现会话连接到运输连接的映射

会话层的主要功能是提供建立连接并有序传输数据的一种方法,这种连接就叫做会话。会话可以使一个远程终端登录到远程计算机,进行文件传输或进行应用操作。

会话连接建立的基础是运输连接的建立,只有当运输连接建立好之后,会话连接才能依赖于它而建立。会话层与传输层的连接有三种对应关系。第一种是一对一的关系,即在会话层建立会话时,必须建立一个运输连接,当会话结束时,这个运输连接就被释放;第二种是多对一的关系,例如在多客户系统中,一个客户所建立的一次会话结束后,另一个客户要求建立另一个会话,此时运载这些会话的运输连接没有必要不停地建立和释放,但在同一时刻,一个运输连接只能对应一个会话连接;第三种是一对多的关系,若运输连接建立后中途失效,则会话层可以重新建立一个运输连接而不用废弃原有的会话,在新的运输连接建立后,原来的会话可以继续下去。

2. 会话连接的释放

会话连接的释放不同于运输连接的释放,它采用有序释放方式,即使用完全的握手,包括请求、指示、响应和确认原语,只有双方同意,会话才终止。这种释放方式不会丢失数据。对于异常原因,会话层也可以不经协商立即释放,但这样可能会丢失数据。

3. 会话层管理

与其他各层一样,两个会话实体之间的交互活动都需要协调、管理和控制。会话服务的获得是执行会话层协议的结果,会话层协议支持并管理同等对接会话实体之间的数据交换。由于会话往往是由系列交互对话组成的,所以对话的次序、进展情况必须加以控制和管理。在会话层管理中考虑了令牌与对话管理、活动与对话单元以及同步与重新同步等措施。

1) 令牌与对话管理

从原理上说,所有 OSI 的连接都是全双工的。但在许多情况下,高层软件为方便起见往往设计成半双工交互式通信。例如,远程终端访问一个数据库管理系统,往往是发出一个查询,然后等待回答,要么轮到用户发送,要么轮到数据库发送,保持这种轮换并强制执行的过程就叫做对话管理。实现对话管理的方法是使用数据令牌(data token),令牌是会话连接的一个属性,它表示会话服务用户对某种服务的独占使用权,只有握有令牌的用户才可以发送数据,另一方必须保持沉默。令牌可在某一时刻动态地分配给一个会话服务用户,该用户用完后又可重新分配。所以,令牌是一种非共享的 OSI 资源。

2) 活动与对话单元

会话服务用户之间的合作可以划分为不同的逻辑单位,每一个逻辑单位称为一个活动(activity),每个活动的内容具有相对的完整性和独立性。

3) 同步与重新同步

会话层的其中一个服务是同步。所谓同步就是使会话服务用户对会话的进展情况有一致的了解,在会话被中断后可以从中断处继续下去,而不必从头恢复会话。

4. 会话服务

会话层可以向用户提供许多服务,为使两个会话服务用户在会话建立阶段能协商所需的服务,将服务分成若干个功能单元。通用的功能单元包括:

(1)核心功能单元,提供连接管理和全双工数据传输的基本功能;

(2)协商释放功能单元,提供有次序的释放服务;

(3)半双工功能单元,提供单向数据传输;

(4)同步功能单元,在会话连接期间提供同步或重新同步服务;

(5)活动管理功能单元,提供对会话活动的识别、开始、结束、暂停和重新开始等服务;

(6)异常报告功能单元,在会话连接期间提供异常情况报告。

上述所有功能的执行均有相应的用户服务原语,每一种类型的原语都可能具有请求、指示、响应和确认四种形式。

2.1.7 表示层

表示层(presentation layer)是 OSI 模型的第六层,它对来自应用层的命令和数据进行解释,对各种语法赋予相应的含义,并按照一定的格式传送给会话层。其主要功能是处理用户信息的表示问题,如编码、数据格式转换和加密解密等。表示层的具体功能如下:

1)数据格式处理

协商和建立数据交换的格式,解决各应用程序之间在数据格式表示上的差异。

2)数据的编码

处理字符集和数字的转换。例如,由于用户程序中的数据类型(整型或实型、有符号或无符号等)、用户标识等都可以有不同的表示方式,因此在设备之间需要具有在不同字符集或格式之间转换的功能。

3)压缩和解压缩

为了减少数据的传输量,表示层提供了数据的压缩与恢复功能。

4)数据的加密和解密

在存储、传输数据的过程中对数据进行加密和解密,以提高数据的安全性。

2.1.8 应用层

应用层(application layer)是 OSI 参考模型的最高层,它是计算机用户与各种应用程序和网络之间的接口,其功能是直接向用户提供服务,完成用户希望在网络上完成的各种工作。它在其他六层工作的基础上,负责完成网络中应用程序与网络操作系统之间的联系,建立与结束使用者之间的联系,并完成网络用户提出的各种网络服务及应用所需的监督、管理和服务等各种协议。此外,该层还负责协调各个应用程序间的工作。

应用层为用户提供的常见的服务和协议包括文件服务、目录服务、文件传输协议(file transfer protocol,FTP)、远程登录服务、电子邮件服务、打印服务、安全服务、网络管理服务、数据库服务等。上述各种网络服务由该层的不同应用协议和程序完成,不同的网络操作系统之间在功能、界面、实现技术、对硬件的支持、安全可靠性以及具有的各种应用程序接口等各个方面的差异是很大的。应用层的主要功能如下:

(1)用户接口:应用层是用户与网络,以及应用程序与网络间的直接接口,能使用户与网络进行交互式联系。

(2)实现各种服务:应用层具有的各种应用程序可以完成和实现用户请求的各种服务。

2.2 TCP/IP 参考模型

2.2.1 TCP/IP 与 OSI 的层次对应关系

TCP/IP 协议族先于 OSI 参考模型开发,因而其层次无法与 OSI 完全对应起来。与其他分层的通信协议一样,TCP/IP 将不同的通信功能集成到不同的网络层次,形成具有 4 个层次的体系结构,从下到上依次为网络接口层、网络层、传输层和应用层,能够解决不同网络的互联。如图 2-4 所示,左边是 OSI 参考模型的 7 层结构,右边是 TCP/IP 参考模型的 4 层结构,中间则是 TCP/IP 主要的协议组件。

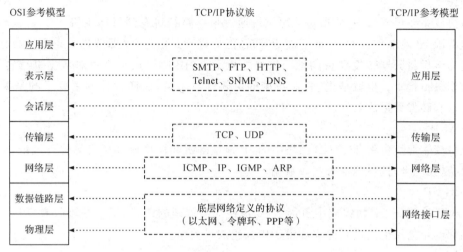

图 2-4 TCP/IP 参考模型与 OSI 参考模型之间的关系

2.2.2 网络接口层

网络接口层是 TCP/IP 参考模型的最低层。事实上,TCP/IP 参考模型并没有真正定义这一部分,只是指出其主机必须使用某种协议与网络连接,以便能传递 IP 分组。这一层的作用是负责接收从网络层交来的 IP 数据包并将 IP 数据包通过低层物理网络发送出去,或者从低层物理网络上接收物理帧,然后抽出 IP 数据包交给网络层。

TCP/IP 参考模型未定义数据链路层,是由于在 TCP/IP 最初的设计中就已经支持包括以太网、令牌环网、FDDI 网、ISDN 和 X.25 在内的多种数据链路层协议。

2.2.3 网络层(IP 层)

网络层与 OSI 参考模型中的网络层相当,是整个 TCP/IP 参考模型的关键部分。网络层是网络互连的基础,提供了无连接的分组交换服务,其功能包括以下三个方面。

1. 处理来自传输层的分组发送请求

将分组装入 IP 数据包,填充包头,选择去往目的节点的路径,然后将数据包发往适当的网络接口。

2. 处理输入数据包

首先检查数据包的合法性,然后进行路由选择,假如该数据包已到达目的节点(本机),则去掉包头,将 IP 报文的数据部分交给相应的传输层协议;假如该数据包尚未到达目的节点,则转发该数据包。

3. 处理 ICMP 报文

处理 ICMP(internet control message protocol,互联网控制报文协议)报文,即处理网络

的路由选择、流量控制和拥塞控制等问题。

网络层的主要协议有四个：互联网协议（IP）、地址解析协议（address resolution proto-col，ARP）、互联网组管理协议（internet group management protocol，IGMP）和互联网控制报文协议（ICMP）。

1）IP

该协议主要负责将 IP 数据包从源主机通过最佳路径转发到目标主机。IP 协议对每个数据包的源 IP 地址和目的 IP 地址进行分析，然后进行路由选择（即选择一条到达目标的最佳路径），最后将数据转发到目的地。需要注意的是，IP 协议只是负责对数据进行转发，并不对数据进行检查。也就是说，它对数据的可靠性不负责，这样设计的主要目的是提高 IP 协议传送和转发数据的效率。

2）ARP

该协议主要负责将 TCP/IP 网络中的 IP 地址解析和转换成计算机的物理地址，以便于物理设备（如网卡）按该地址来接收数据。

3）IGMP

IGMP 是 TCP/IP 协议族中负责 IPv4 组播成员管理的协议，用于在接收者主机和与其直接相邻的组播路由器之间建立和维护组播组成员关系。

4）ICMP

该协议主要负责发送和传递包含控制信息的数据包。这些控制信息包括哪台计算机出了什么错误、网络路由出现了什么错误等内容。

2.2.4　传输层

传输层的作用与 OSI 参考模型中传输层的作用是一样的，即在源节点和目的节点的两个进程实体之间提供可靠的端到端的数据传输。为保证数据传输的可靠性，传输层协议规定接收端必须发回确认，并且假定分组丢失时必须重新发送。

TCP/IP 参考模型提供了两个传输层协议：传输控制协议（TCP）和用户数据报协议（user datagram protocol，UDP）。

（1）TCP 是一个可靠的面向连接的传输层协议，它可以将某节点的数据以字节流形式无差错投递到互联网的任何一台机器上。发送方的 TCP 将用户交来的字节流划分成独立的报文并交给网络层进行发送，而接收方的 TCP 将接收的报文重新装配后交给接收用户。TCP 同时处理有关流量控制的问题，以协调收发双方的接收与发送速度。

（2）UDP 是一个不可靠的、无连接的传输层协议，它将可靠性问题交给应用程序解决。UDP 协议主要面向请求/应答式的交易型应用，一次交易往往只有一来一回两次报文交换。另外，UDP 协议也应用于那些对可靠性要求不高，但要求网络的延迟较小的场合，如传送语音和视频数据。

2.2.5　应用层

应用层位于 TCP/IP 参考模型的最高层，大致对应 OSI 参考模型的应用层、表示层和会话层。它主要为用户提供多种网络应用程序，如电子邮件、远程登录等。

应用层包含所有高层协议，早期的高层协议有虚拟终端协议（Telnet 协议）、文件传输协议（FTP）、简单邮件传送协议（simple mail transfer protocol，SMTP）。Telnet 协议允许用户登录到远程机器并在其上工作;FTP 协议提供了有效地将数据从一台机器传送到另一台机器的机制;SMTP 用来有效和可靠地传递邮件。随着网络的发展,应用层又加入了许多其他协议,如用于将主机名映射到它们的网络地址的域名服务(domain name system,DNS),用于搜索互联网上信息的超文本传输协议(hyper text transfer protocol,HTTP)等。

2.2.6　数据通信过程

1.发送

以发送邮件为例,点击"发送"时开始进行 TCP/IP 通信。首先应用程序进行编码,然后确定通信的建立连接、发送数据的时间,之后建立 TCP 连接。TCP 根据应用指示负责建立连接、发送数据及断开连接。TCP 首部包括源端口号和目标端口号、序号及校验和,通过首部信息传递 TCP 层的信息。加完首部后数据包往下传递到 IP 层,IP 层加上 IP 首部包括地址在内等的信息用于寻址操作,之后将数据继续往下传递给附加数据链路层首部。最后发送时的分组数据包会加上以太网包尾(用于循环冗余校验)。

2.接收

如图 2-5 所示,主机收到数据包后会在以太网包首部找到 MAC 地址,以判断是否为自己的包,如果不是则丢弃,如果是则传递给上一层 IP 层处理,以此类推,不断往上传递至 TCP 层。在 TCP 层会计算校验,以判断数据是否被破坏,然后检查是否按序号接收数据,最后检查端口号。处理完成之后数据包继续往上层发送,即到应用层。如果这时出现主机无邮件信箱、硬盘空间满等情况,则接收方主机会发送"处理异常"通知发送端。

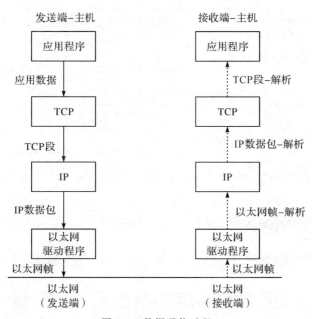

图 2-5　数据通信过程

2.3　IP 协议

互联网协议 IP 是一个网络层协议,它包含寻址信息和控制信息,可使数据包在网络中路由。IP 协议是 TCP/IP 协议族中最核心的协议,与 TCP 协议结合组成整个互联网的核心协议。

2.3.1 IPv4 地址

1.IP 地址的表示

IP 地址是指互联网协议地址,又译为网际协议地址,是一种网络上的逻辑地址,其中普遍应用的 IPv4 地址是由 32 位二进制数组成的数字序列,采用点分十进制将 32 位数字分割成 4 段,每段是 8 位二进制数,但二进制数不方便记忆,因此转换为十进制数。具体结构如表 2-1 所示。

表 2-1　点分十进制表示 IP 地址

结构	举例
机器中存放的 IP 地址是 32 位二进制代码	11000001001000001101100000001001
每 8 位一组提高可读性	11000001　00100000　11011000　00001001
将每 8 位一组的二进制数转换为十进制数	193　　　32　　　216　　　9
采用点分十进制进一步提高可读性	193.32.216.9

2.IP 地址的分类

IP 地址可划分为网络号和主机号两部分,每个 IP 地址包括两个标识码(identity document,ID),即网络 ID 和主机 ID。互联网专业委员会定义了 5 种 IPv4 地址类型以适应不同容量的网络,即 A 类至 E 类,如表 2-2 所示。A~E 类地址中网络位、主机位分布如图 2-6 所示。

表 2-2　IPv4 地址表

地址分类	子网掩码	地址范围	私有地址段
A 类	255.0.0.0/8	1.0.0.0~127.255.255.255	10.0.0.0~10.255.255.255
B 类	255.255.0.0/16	128.0.0.0~191.255.255.255	172.16.0.0~172.31.255.255
C 类	255.255.255.0/24	192.0.0.0~223.255.255.255	192.168.0.0~192.168.255.255
D 类		224.0.0.0~239.255.255.255	
E 类		240.0.0.0~255.255.255.255	

A、B、C 类是常用的 IP 地址,D 类是多播地址,E 类是用于科学研究的保留地址。

图 2-6　IPv4 地址划分

1）A 类地址

第一个 8 位是网络位，第一个比特位是"0"，范围是 0~127，但 127.0.0.0/8 是一个特殊的地址段，除了广播地址 127.255.255.255，凡是 127 开头的地址都代表本机。A 类地址只有 $2^7-2=126$ 个网络、$2^{24}-2=16777214$ 台主机。一般使用 127.0.0.1 代表本地环回地址，Ping127.0.0.1 验证本机是否正常。

2）B 类地址

前 2 个 8 位是网络位，前 2 个比特位是"10"，第一个 8 位的范围是 128~191。B 类地址有 $2^{14}-2=16382$ 个网络、$2^{16}-2=65534$ 台主机。

3）C 类地址

前 3 个 8 位是网络位，前 3 个比特位是"110"，第一个 8 位的范围是 192~223。C 类地址有 $2^{21}-2=2097150$ 个网络、$2^8-2=254$ 台主机。

4）D 类地址

以 1110 开始。其代表的 8 位位组从 224 至 239。这些地址并不用于标准的 IP 地址。相反，D 类地址指一组主机，它们作为多点传送小组的成员而注册。多点传送小组和电子邮件分配列表类似。正如使用分配列表名单将一个消息发送给一群人一样，可以通过多点传送地址将数据发送给一些主机。

5）E 类地址

E 类地址不区分网络地址和主机地址，它的第 1 个字节的取值范围是 11110 ~11111110。

6）子网掩码

子网掩码由 32 位的二进制数组成，以点分十进制来分割，对应 IP 地址的网络位用全"1"来表示，主机位用全"0"来表示。将 IP 地址和子网掩码进行逻辑与运算可得出子网地址。

7）私有地址

私有地址在局域网中使用，主要用于局域网内，无法直接在互联网上使用，可以通过网络地址转换（network address translation，NAT）技术转换为公有 IPv4 地址实现互联网访问。NAT 技术有利于节省 IPv4 地址的分配。常用的私有地址分类如表 2-3 所示。

表 2-3　私有地址分类

私有地址类别	范围
A 类	10.0.0.0~10.255.255.255
B 类	172.16.0.0~172.31.255.255
C 类	192.168.0.0~192.168.255.255

2.3.2　IP 数据包

TCP/IP 协议定义了一个在互联网上传输的基本数据单元，称为 IP 数据包，其格式如图 2-7 所示。IP 数据包包含包头区和数据区两个部分，数据区是高层传输的数据，而包头区是为了正确传输高层数据而增加的控制信息。IP 数据包包头包含一些必要的控制信息，由 20 个字节的固定部分和变长的可选项部分组成。已知最高位在左边，记为 0 位；最低为在右边,记为 31 位。

4位版本	4位首部长度	8位服务类型	16位总长度（字节数）	
16位标识			3位标志位	13位片偏移
8位生存时间		8位协议	16位首部检验和	
32位源IP地址				
32位目的IP地址				
选项（如果有）				
数据				

图 2-7   IP 数据包结构

1.版本

此字段指明了此 IP 数据包使用的 IP 协议是什么版本的,如果此字段值为 4,就表示这是一个 IPv4 的数据包;如果此字段值为 6,则表示这是一个 IPv6 的数据包。

2.首部长度

此字段指明了此 IP 数据包的首部的长度是多少字节。

3.服务类型

服务类型,又称为"区分服务",这个字段只有在使用一定 QoS(quality of service,服务质量)策略的时候才起作用,决定服务的优先等级。

4.总长度

总长度＝首部长度＋数据部分的长度,单位是字节。而总长度这个字段在整个 IP 数据包中的长度是 16 位,16 位二进制最大可表示的数就是 65535,这就意味着总长度字段的值最大是 65535。

5.标识

此字段的作用是识别出哪些被"切割"的段能组装成一个数据包。例如:假设一个数据包的编号是 101,由于这个数据包过长,需要切割成三片,那么切割后这三片各自的首部中的标识字段的值就全都是 101,以表示这三片本来应该是在一起的,但后来被切割开了,接收端判断这三片数据包的标识都是一样的,就知道要把它们重新组合在一起。

6.标志位

此字段的长度是三位,每一位都有不同的作用。第一位没意义,保留不用;第二位是 DF 位,全称为"don't fragment",意为"不能分片",如果这个 DF 位的值为 1,则表示此数据包是不允许分片的,这就意味着如果一个数据包被切割了,那么切割成的所有片的 DF 位肯定都是 0;第三位是 MF 位,全称为"more fragment",意为"更多分片",如果某个分片的 MF 位的值为 1,则表示此分片不是最后一片,在后面还有更多的片,如果 MF 的值为 0,则表示这是最后一片,后面没有分片了。

7.片偏移

这个字段用来确定几个分片该按照什么顺序组合成原来的数据包,片偏移的值指出了某个分片在原来数据包的相对位置,以 8 个字节为偏移单位。假设某个数据包被分了三片,那么每一片在原来数据包中的开始位置除以 8,即为片偏移值。

8.生存时间

生存时间(time to live,TTL)此字段是为了保证在网络出现环路的情况时,不让数据包在环路的几个路由器之间无限制地兜圈子而设定的。TTL 值指出了一个数据包的"寿命",数据包每经过一个路由器,路由器都会把数据包的 TTL 值减 1,当"寿命"减小到 0 的时候,此数据包将被丢弃。

9.协议

此字段指明了 IP 协议的上层使用的是什么协议,一般就是传输层的 TCP 协议或者 UDP 协议,当然也有可能是不属于传输层但也位于 IP 协议之上的 ICMP 协议和互联网组管理协议(internet group management protocol,IGMP)等。ICMP 协议号为 1,IGMP 协议号是 2,TCP 协议号是 6,UDP 协议号是 17,开放最短路径优先(open shortest path first,OSPF)协议号为 89。

10.首部检验和

此字段的功能是对 IP 数据包的首部进行校验,数据包每经过一个路由器,路由器都会校验一遍首部检验和,如果检验出差错就把数据包丢弃掉(但一般情况下不会出差错)。

11.选项

此部分包含选项字段和填充字段,这两个字段的长度不是固定的,属于 IP 首部中的可变首部。选项字段具有支持测试、安全等扩展的功能。填充字段是为了保证 IP 首部一定是 4 个字节的整数倍而设置的,如果加入了选项之后,IP 首部的长度不是 4 个字节的整数倍,那就要用全"0"填充到 4 个字节整数倍的长度。

受数据链路层的数据帧大小限制的影响,超过设备最大传输单元(maximum transmission unit,MTU)的 IP 数据包将无法通过。而上述数据包总长度可达 65535 字节,且不同设备的 MTU 值也存在差异,超过设备 MTU 限制的数据包将会根据 MTU 值的大小被分片处理,分片到达目的主机之后,由目的节点的网络层重新组装成原数据包。

2.3.3　子网划分技术

1.子网掩码

子网掩码(subnet mask)又叫网络掩码、地址掩码、子网络遮罩。子网掩码只有一个作用,就是将某个 IP 地址划分成网络地址和主机地址两部分。子网掩码特点如下:

(1)子网掩码和 IP 地址一样,是 32 位。

(2)在二进制中,1 表示网络号,0 表示主机号。

例如,如图 2-8 所示,C 类 IP 地址为 192.168.1.1,子网掩码为 255.255.255.0,两者也

可以合并写成 192.168.1.0/24,其中 24 代表子网掩码有 24 个 1。

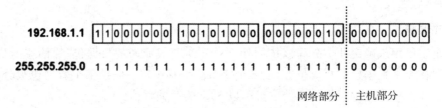

图 2-8　IP 地址与子网掩码

2.子网划分

属于 B 类的地址用于一个广播域,造成地址浪费,并且发生广播时范围太大,对网络的负载重时,须进行子网划分。通过向主机位借位的方式划分子网,借 1 位,产生两个子网,借 n 位,产生 2^n 个子网。

例如,如图 2-9 所示,172.16.0.0/16,向主机位借 1 位,可以划分为子网 1:172.16.0.0/17;子网 2:172.16.128.0/17。划分结果如表 2-4 所示。

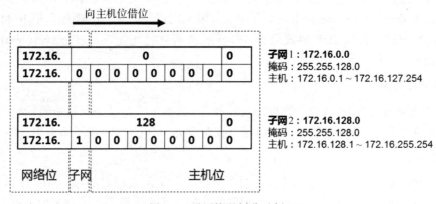

图 2-9　子网掩码划分示例(1)

表 2-4　子网借位划分结果

子网	子网掩码	地址范围
子网 1	172.16.0.0/17	172.16.0.1～172.16.127.254
子网 2	172.16.128.0/17	172.16.128.1～172.16.255.254

假设有一个 A 类网络 192.168.1.0/24,需要划分 4 个子网,划分结果如图 2-10 所示。

2.3.4　IPv6 基础

1.IPv6 的历史

IPv4 在设计之初被赋予厚望。现在看来,它不负众望完成了网络互联的各种任务,这一技术现在仍在世界上广泛运用。但是由于不合理的分配和使用、网络的高速发展等原因,2011 年因特网编号分配机构(Internet Assigned Numbers Authority,IANA)宣布 IPv4 地址耗尽。人们很早就意识到了这个迟早会到来的问题。1993 年,下一代互联网协议(next

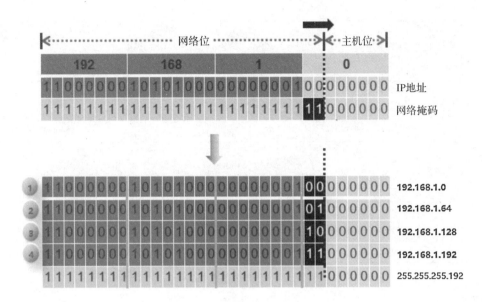

图 2-10　子网掩码划分示例(2)

generation internet protocol,IPng)工作组成立,并于 1998 年发布了 IPv6 标准,IPv6 正式问世。

2.使用 IPv6 的原因

在 IPv6 未广泛应用,IPv4 地址告急之时,人们使用 NAT 将私网映射为公有地址,但是这一技术存在例如需要修改 IP 包头中部、地址重叠、增加网络复杂性等难以解决的问题,不能从根本上解决 IP 地址耗尽的问题。除了地址耗尽之外,IPv4 还存在较差的安全性、移动性支持不够等问题,而 IPv6 则很好地解决了它们。例如,IPv6 使用 128 位地址,地址容量得到极大扩充;包头简化,只包含 8 位的包头信息,2 个 16 位的地址,总共固定 40 位;对移动互联的支持性好。当下各个国家网络还在不断扩充,物联网技术亦蓬勃发展,对已有的网络格局提出了很大的挑战。基于上述各个因素,IPv6 事实上担负起了新一代网络互联的任务。

3.IPv6 包头

IPv6 的包头只有三个部分:包头信息、源和目的地址。图 2-11 详细解析了 IPv6 包头信息的部分。

Version(版本):4 位,IPv6 为 6 位。

Traffic Class(通信量类):8 位。相当于 IPv4 的 Tos,用来标记流量,方便区分优先级以便做策略。

Flow Label(流标号):20 位。配合 Trafic Class 使用,目前未启用。

Payload Length(有效荷载长度):16 位。IPv6 数据包的负载长度指报头后的数据内容长度,包含扩展头部分。

Next Header(下一个首部):8 位。指明基本头后面是哪种扩展头或上层协议中的协议类型。

Hop Limit(跳数限制):8 位。类似于 IPv4 中的 TTL,最大值为 255,报文每被转发一次该字段值就会减 1。

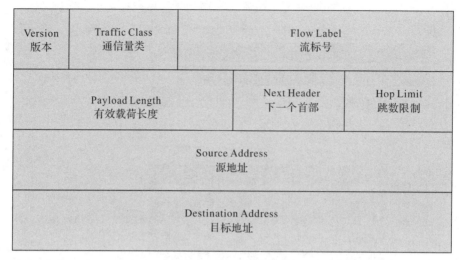

图 2-11   IPv6 报文格式

Source Address(源地址):128 位。表示发送方的地址。

Destination Address(目的地址):128 位。表示接收方的地址。

显然包头越简单越容易处理,因而只有在需要特殊选项的场合才将对应的扩展包头接到已有的包头之后,这样就能提高处理和传输的速度。那么,这么多的扩展包头,IPv6 是如何将它们连在一起的?答案是使用类似于链表的结构。在此之前本书一直没有提及下一个包头域的作用。现在来看,其作用就是"指针",但是其中包含的是用一个编号表示的下一个包头的内容:可以是上述的各种扩展包头,也可是上层的数据。例如,0 表示逐跳选项包头,它(如果有)必须接在第一个包头之后;43 表示路由扩展包头;6 对应 TCP 而 17 对应 UDP,这与 IPv4 相同。将这些包头和上层数据的载荷连在一起,形成一个完整的 IPv6 数据包,如图 2-12 所示。

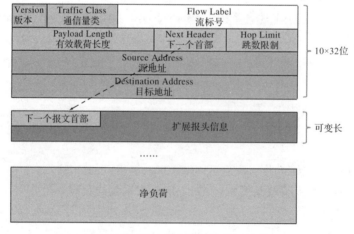

图 2-12   IPv6 报文首部及扩展首部

4.IPv6 编址

IPv6 使用 128 位地址。类似于 IPv4 的点分十进制,IPv6 使用冒分十六进制;将四位二进制合并为一位十六进制,每四位十六进制数用冒号分组,之后删除前导 0 并将连续的 0 地址合并为"::"。例如,IPv6 地址 ABCD:0000:0000:0000:0008:0800:800C:417C 在简化后表示为 ABCD::8:800:800C:417C。其中双冒号只能使用一次,因为 IPv6 软件会将地址自动扩展为 128 位。如果使用两个双冒号则无法得知每个段省略 0 的长度。

与 IPv4 地址类似,IPv6 也用"IPv6 地址/掩码长度"的方式来表示 IPv6 地址。

例如,2001:0DB8:2345:CD30:1230:4567:89AB:CDEF/64。

IPv6 地址:2001:0DB8:2345:CD30:1230:4567:89AB:CDEF。

子网号:2001:0DB8:2345:CD30::/64。

根据 IPv6 地址前缀,可将 IPv6 地址分为单播地址、组播地址和任播地址,如图 2-13 所示。

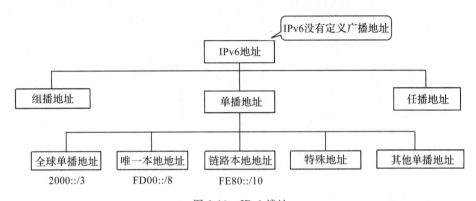

图 2-13　IPv6 编址

1)单播地址

IPv6 的单播地址又可以分为全球单播地址、链路本地地址、唯一本地地址、特殊地址等几大类。单播地址由网络前缀和接口标识组成,如图 2-14 所示,常见单播地址要求网络前缀和接口标识都是 64 位,其中::1/128 表示本地回环地址,::/128 表示未分配地址。

图 2-14　单播地址结构

一个 IPv6 单播地址可以分为如下两部分。

(1)网络前缀(network prefix):n 位。相当于 IPv4 地址中的网络 ID。

(2)接口标识(interface identify):$128-n$ 位,相当于 IPv4 地址中的主机 ID。

常见的 IPv6 单播地址如全球单播地址、链路本地地址等,要求网络前缀和接口标识必须为 64 位。

接口标识生成的方式有三种,即手动分配、自动获取、EUI-64。如图 2-15 所示,EUI-64 规范是指在 MAC 地址中间插入 FFFE,并且将 MAC 地址的第 7 位即 LG 位变为 1,MAC 地址为 3C-52-82-49-7E-9D,插入 FFFE,同时把 LG 位置取反。接口标识的长度为 64 位,用

MAC地址（十六进制）
3C-52-82-49-7E-9D
MAC地址（二进制）
00111100-10010010-10000010 - 01001001-01111110-10011101
❶ 第7位取反
❷ 插入FFFE
EUI-64 ID（二进制）
00111110-10010010-10000010-11111111-11111110-01001001-01111110-10011101
EUI-64 ID（十六进制）
3E-52-82-FF-FE-49-7E-9D

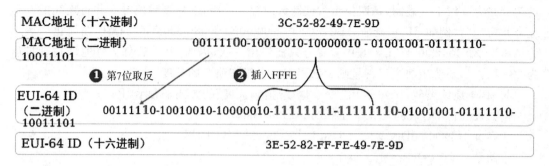

图 2-15 EUI-64 接口标识生成方式

于标识链路上的接口。在每条链路上，接口标识必须唯一。

全球单播地址网段是 2000::/3，范围为 2000～3FFF。全球单播地址用来标识唯一一台终端或者接口，它的地址格式如图 2-16 所示。

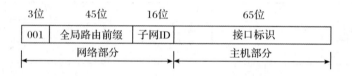

3位
45位
16位
65位
001
全局路由前缀
子网ID
接口标识
网络部分
主机部分

图 2-16 全球单播地址格式

唯一本地地址是私网地址，地址段是 FC00::/7，目前只是用了 FD00::/8，唯一本地地址只在内网中有效，不能跨越公网，公网中没有私网的路由。地址格式如图 2-17 所示。

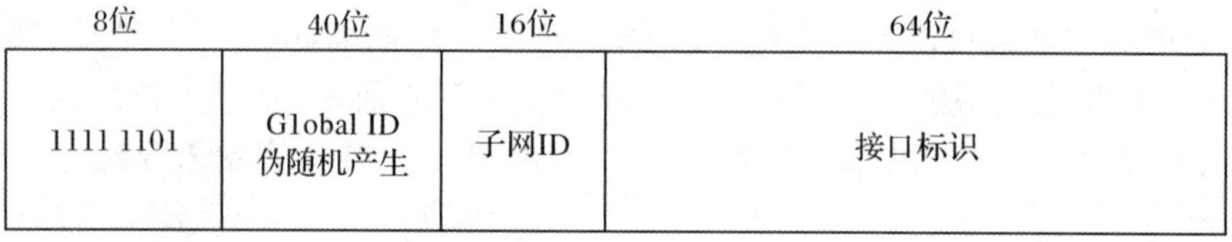

8位
40位
16位
64位
1111 1101
Global ID
伪随机产生
子网ID
接口标识

图 2-17 唯一本地地址格式

链路本地地址的有效范围是本链路生效，不能跨越路由器，前缀为 FE80::/10。链路本地地址可用于邻居发现、自动获取等场景。这个地址可以手动配置或者系统根据 EUI-64 自动生成。它的地址格式如图 2-18 所示。

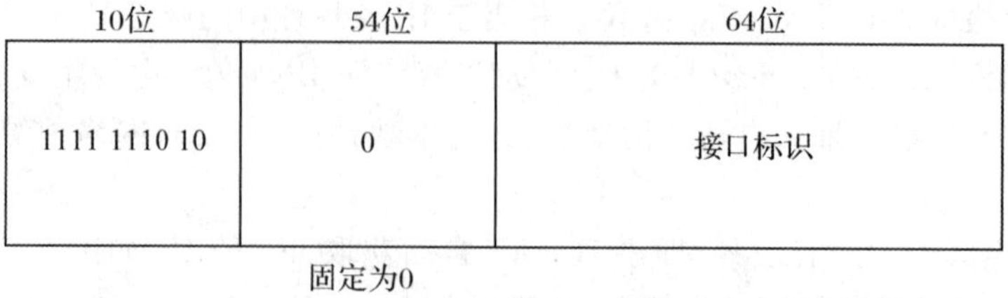

10位
54位
64位
1111 1110 10
0
接口标识
固定为0

图 2-18 链路本地地址格式

2）组播地址

IPv6 的组播地址可用于标识多个接口，只可用作目的地址来使用。地址格式如图 2-19 所示。

8位	4位	4位	80位	32位
11111111	Flags	Scope	Reserved（必须为0）	Group ID

图 2-19　组播地址格式

具体说明如下：

前 8 位固定全为 1，后 32 位是组播的组 ID。

Flags（标志位）：为 0 表示标识永久，为 1 表示临时。

Scope（范围）：为 0 表示预留，为 1 表示节点，为 2 表示链路本地，为 5 表示站点本地，为 8 表示组织本地，为 E 表示全球范围，为 F 表示预留。

组播中比较重要的一种是被请求节点组播地址，主要用于地址检测或者邻居发现。每个单播地址都会自动生成对应的被请求节点组播地址，并加入这个组播组。被请求节点组播地址格式如图 2-20 所示。

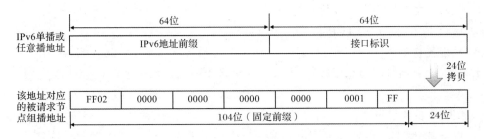

图 2-20　被请求节点组播地址格式

被请求节点组播地址的前 104 位是固定的，后 24 位根据单播地址的后 24 位来进行填充。例如，全球单播地址：2001:172:16:12::1，对应被请求节点组播地址为 FF02::1:FF00:01。其中，组播中 FF02::1 表示所有主机，FF02::2 表示所有路由器。

3）任播地址

在 IPv6 中没有广播的概念，但是有任播地址，它的范围和全球单播地址一致，只不过可以重复配置，用于用户访问最近的业务节点，任播地址也只能作为目的地址使用。

小　结

本章重点介绍了 OSI 参考模型、TCP/IP 参考模型、IP 协议，其中 IP 协议是重点。IP 协议是一个网络层协议，它包含寻址信息和控制信息，可使数据包在网络中路由。IP 协议中的 IP 地址表示了互联网中的各个节点，网络中的节点又分别处在各个子网当中，因此引入了子网掩码，使用子网划分方法实现了充分利用 IP 地址、易于管理等目标。

思考与练习

1. OSI 参考模型分为哪几层？各层的功能是什么？

2. Ping 是用什么协议来实现的？

3. IP 地址是如何表示的？

4. 如何进行子网划分？子网划分的步骤是什么？

自我检测

1. 下列是边发送边监听随机访问技术的是（　　　）。

A. 总线型

B. 环形

C. 令牌环

D. 载波监听多路访问/冲突检测（CSMA/CD）

2. 在 OSI 7 层模型中，网络层的功能有（　　　）。

A. 在信道上传送比特流

B. 确定数据包如何转发与路由

C. 建立端到端的连接，确保数据的传送正确无误

D. 保证数据在网络中的传输

3. 在 TCP/IP 协议中，TCP 属于（　　　）层协议。

A. 网络接口层　　　　B. 网际层　　　　　　C. 传输层　　　　　　D. 应用层

4. 现有 IP 地址 172.32.127.56，那么它一定属于（　　　）类地址。

A. A　　　　　　　　B. B　　　　　　　　C. C　　　　　　　　D. D

5. 在 OSI 参考模型中，网络层的上一层是（　　　）。

A. 物理层　　　　　　B. 会话层　　　　　　C. 传输层　　　　　　D. 数据链路层

6. 网络参考模型中负责路由选择功能的是（　　　）层。

A. 应用　　　　　　　B. 传输　　　　　　　C. 网络　　　　　　　D. 数据链路

7. IP 分片主要是因为 IP 报文传输到某一条链路时，超过了该链路的（　　　）。

A. MRU　　　　　　　B. MTU　　　　　　　C. MMC　　　　　　　D. MSS

8. 下面关于 IPv6 协议优点的描述中，准确的是（　　　）。

A. IPv6 协议允许全局 IP 地址出现重复

B. IPv6 协议解决了 IP 地址短缺的问题

C. IPv6 协议支持通过卫星链路的互联网连接

D. IPv6 协议支持光纤通信

9. IPv4 的 32 位地址共 40 多亿个，IPv6 的 128 位地址是 IPv4 地址总数的（　　　）倍。

A. 4　　　　　　　　B. 2^{96}　　　　　　　C. 96　　　　　　　　D. 128

10. IPv4 地址、IPv6 地址和 MAC 地址用二进制位表示分别为（　　　）。

A. 32,128,32　　　　B. 32,64,48　　　　　C. 32,128,48　　　　　D. 32,128,64

第3章 局域网技术

【本章导读】

    局域网技术是当前计算机网络研究与应用的一个热门话题,也是目前发展最快的技术之一。本章主要介绍以太网技术、虚拟局域网(virtual local area network,VLAN)技术、生成树协议以及链路聚合技术。

    在网络中传输数据时需要遵循一些标准,以太网协议定义了数据帧在以太网上的传输标准。以太网交换机是实现数据链路层通信的主要设备。

    以太网是一种基于 CSMA/CD 的数据网络通信技术,其特征是共享通信介质。当主机较多时会导致安全隐患、广播泛滥、性能显著下降,甚至造成网络不可用。在这种情况下出现了虚拟局域网技术,从而解决以上问题。

    以太网交换网络中为了进行链路备份,提高网络可靠性,通常会使用冗余链路。但是使用冗余链路会在交换网络上产生环路,引发广播风暴以及 MAC 地址表不稳定等故障,从而导致用户通信质量变差,甚至通信中断。为解决交换网络中的环路问题,提出了生成树协议(spanning tree protocol,STP)。

    随着业务的发展和园区网络规模的不断扩大,用户对于网络的带宽、可靠性要求越来越高。传统解决方案通过升级设备方式提高网络带宽,同时通过部署冗余链路并辅以 STP 协议实现网络的高可靠性。

【学习目标】

1. 能描述以太网的基本概念、二层以太网交换机的工作流程。
2. 掌握 VLAN 划分方式,能描述网络中 VLAN 数据的通信过程。
3. 掌握实现 VLAN 间通信的几种方式。
4. 描述 STP 的基本概念与工作原理。
5. 了解链路聚合的作用,理解 LACP 模式的链路聚合协商过程。

3.1 以太网技术

3.1.1 全系列设备介绍

    eNSP 是一款由华为提供的免费的、可扩展的、图形化操作的网络仿真工具平台,主要对企业网路由器、交换机进行软件仿真,完美呈现真实设备实景,支持大型网络模拟。

    eNSP 中融合了多道通信系统(multichannel communication system,MCS)、Client、

Server、无线终端,可以完美支持组播测试、HTTP 测试、应用服务测试、无线测试等环境的搭建。

2012 年 8 月之前,模拟华为的设备通过 Simware 软件来完成,Simware 在安装使用过程中存在一些限制,致使其他软件工具无法正常使用,例如使用 Simware 必须安装 WinPcap (Windows packet capture)3.0 版本或者 3.1 版本,导致 Wireshark 抓包软件无法获取本机的网卡信息。

2012 年 8 月 24 日,华为官方发布 eNSP 软件 V100R001C00,并且在软件使用过程中不断更新,修补完善,截至编者编稿时,eNSP 已经经历了 11 个版本的更替,升级到了路由器、交换机、无线、安全等较为全面的模拟。

eNSP 具有如下显著的四个特点。

1. 图形化操作

eNSP 提供便捷的图形化操作界面,让复杂的组网操作起来更简单,可以直观感受设备形态,并且支持一键获取帮助,通过华为网站查询设备资料。

2. 高仿真度

按照真实设备支持特性情况进行模拟,模拟的设备形态多,支持功能全面,模拟程度高。

3. 可与真实设备对接

支持与真实网卡的绑定,实现模拟设备与真实设备的对接,组网更灵活。

4. 分布式部署

eNSP 不仅支持单机部署,还支持 Server 端分布式部署在多台服务器上。分布式部署环境下能够支持更多设备组成复杂的大型网络。

eNSP 是官方发布的华为网络设备模拟器,建议读者在学习华为网络技术的同时,结合 eNSP 模拟网络环境,做到理论与实践结合,加深技术理解、提高分析能力、了解网络现象,为进入网络行业后的发展奠定基石。

3.1.2   以太网概述

以太网最初是由美国施乐(Xerox)公司研制的,并且在 1980 年由数据设备公司(digialequipment corporation,DEC)、英特尔(Intel)公司和施乐公司合作使之规范成形。后来它被作为 802.3 标准为电气电子工程师学会(IEEE)所采纳。

以太网是人们日常生活中常用的一种计算机局域网技术。与互联网不同的是,以太网是常用的小网络,即局域网,互联网的本质就是用路由器把大量的小型以太网连起来,并用 IP 地址来统一寻址和路由。

以太网的基本特征是采用载波监听多路访问/冲突检测(CSMA/CD)的共享访问方案,即多个工作站连接在一条总线上,所有的工作站不断向总线发出监听信号,但在同一时刻只能由一个工作站在总线上进行传输,而其他工作站必须等待其传输结束后再开始自己的传输。

以太网是现实世界中普遍使用的一种计算机网络。以太网有两类:第一类是标准以太网;第二类是交换式以太网,使用了一种称为交换机的设备连接不同的计算机。标准以太网是以太网的原始形式,运行速度为 3～10Mbit/s 不等;而交换式以太网正是广泛应用的以太网,可运行在 100Mbit/s、1000Mbit/s 和 10000Mbit/s 的高速率下,分别以快速以太网、千兆以太网和万兆以太网的形式呈现。

1. 标准以太网

早期以太网只有 10Mbit/s 的吞吐量,使用的是带有冲突检测的载波侦听多路访问(CSMA/CD)的访问控制方法,这种早期的 10Mbit/s 以太网称为标准以太网。以太网可以使用粗同轴电缆、细同轴电缆、非屏蔽双绞线、屏蔽双绞线和光纤等多种传输介质进行连接,并且 IEEE 802.3 标准为不同的传输介质制定了不同的物理层标准,在这些标准中前面的数字表示传输速度,单位是"Mbit/s",最后的一个数字表示单段网线长度(基准单位是 100m),Base 代表"基带",Broad 代表"宽带"。

2. 快速以太网

在 1993 年 10 月以前,对于要求 10Mbit/s 以上数据流量的 LAN 应用,只有光纤分布式数据接口(FDDI)可供选择,但它是一种非常昂贵的、基于 100Mbit/s 光缆的 LAN。1993 年 10 月,美国 Grand Junction Networks 公司推出了世界上第一台快速以太网集线器 Fastch10/100 和网络接口卡 FastNIC100,由此快速以太网技术正式得以应用。与此同时,IEEE 802 工程组亦对 100Mbit/s 以太网的各种标准,如 100BASE-TX、100BASE-T4、MII、中继器、全双工等进行了研究。1995 年 3 月,IEEE 宣布了 IEEE 802.3u 100BASE-T 快速以太网标准,就这样进入了快速以太网的时代。快速以太网与原来在 100Mbit/s 带宽下工作的 FDDI 相比具有许多的优点,主要体现在快速以太网技术可以有效地保障用户在布线基础设施上的投资,它支持 3、4、5 类双绞线以及光纤的连接,能有效地利用现有的设施。快速以太网的不足其实也是以太网技术的不足,那就是快速以太网仍基于 CSMA/CD 技术,当网络负载较重时,会造成效率的降低,当然这可以使用交换技术来弥补。100Mbit/s 快速以太网标准又分为 10OBASE-TX、100BASE-FX、10OBASE-T4 三个子类。

3. 千兆以太网

千兆以太网技术作为高速以太网技术,给用户带来了提高核心网络的有效解决方案,这种解决方案的最大优点是继承了传统以太网技术价格低的优点。千兆技术仍然是以太网技术,它采用了与 10Mbit/s 以太网相同的帧格式、帧结构、网络协议、全/半双工工作方式、流控模式以及布线系统。由于该技术不改变传统以太网的桌面应用、操作系统,因此可与 10Mbit/s 或 100Mbit/s 的以太网很好地配合工作。升级到千兆以太网不必改变网络应用程序、网管部件和网络操作系统,能够最大限度地保护投资。千兆以太网填补了 802.3 以太网/快速以太网标准的不足。

4. 万兆以太网

万兆以太网规范包含在 IEEE 802.3 标准的补充标准 IEEE 802.3ae 中,它扩展了 IEEE 802.3 协议和 MAC 规范,使其支持 10Gbit/s 的传输速率。除此之外,通过 WAN 界面子层 (WAN interface sublayer, WIS),10Mbit/s 以太网也能被调整到较低的传输速率,如 9.584640Gbit/s(OC-192),这就允许 10Mbit/s 以太网设备与同步光纤网(synchronous optical network,SONET)STS-192c 传输格式相兼容。10GBase-SR 和 10GBase-SW 主要支持短波(850nm)多模光纤(multi-mode fiber,MMF),光纤距离为 2～300m。

3.1.3 交换机工作原理

1.交换机定义

局域网交换机拥有许多端口，每个端口有自己的专用带宽，并且可以连接不同的网段。交换机各个端口之间的通信是同时的、并行的，这就大大提高了信息吞吐量。为了进一步提高性能，每个端口还可以只连接一个设备。

为了实现交换机之间的互连或与高档服务器的连接，局域网交换机一般拥有一个或几个高速端口，如 100MB 以太网端口、FDDI 端口或 155MB ATM 端口，从而保证整个网络的传输性能。

2.交换机的特性

通过集线器共享局域网的用户不仅共享带宽，而且竞争带宽。可能因个别用户需要更多的带宽而导致其他用户的可用带宽相对减少，甚至被迫等待，这就会耽误通信和信息处理。利用交换机的网络微分段（micro-segmentation）技术，可以将一个大型的共享式局域网分成许多独立的网段，减少竞争带宽的用户，增加每个用户的可用带宽，从而缓解共享网络的拥挤状况。交换机可以将信息迅速而直接地送到目的地，能大大提高速度和带宽，保护用户之前在介质方面的投资，并提供良好的可扩展性，因此交换机不但是网桥的理想替代物，而且是集线器的理想替代物。

与网桥和集线器相比，交换机从下面几方面改进了性能。

(1)通过支持并行通信，提高了交换机的信息吞吐量。

(2)将传统的一个大局域网上的用户分成若干工作组，每个端口连接一台设备或连接一个工作组，有效地解决拥挤问题。这种方法人们称之为网络微分段技术。

(3)虚拟网技术的出现，使交换机的使用和管理有了更大的灵活性。

(4)端口密度可以与集线器相媲美，一般的网络系统都有一个或几个服务器，而绝大部分都是普通的客户机。客户机都需要访问服务器，这样就导致服务器的通信和事务处理能力成为整个网络性能好坏的关键。

3.交换机的工作原理

目前局域网普遍使用交换机进行组网。交换机工作在数据链路层，其功能类似于网桥。交换机的主要功能包括自我学习、数据的转发和过滤以及环路避免等。交换机的自我学习是为了生成转发表中的表项，该表中记录了各端口上所连接的网络节点的地址。如果在某端口上到达的数据帧目的地址在转发表中，则交换机将该数据帧向对应对口转发；如果没有，则向所有端口转发。交换机的工作方式减少了冲突，提高了带宽。

交换机操作时一般采用命令方式，针对不同的操作对象有不同的操作模式。

1)存储转发

所有常规网桥都使用这种方法。它们在将数据帧发往其他端口之前，要把收到的帧完全存储在内部的存储器中，对其检验后再发往其他端口，这样总时延等于接收一个完整的数据帧的时间及处理时间的总和。如果级联很长，则会导致严重的性能问题，但这种方法可以过滤掉错误的数据帧。

2)切入法

这种方法只检验数据帧的目标地址，这使得数据帧几乎马上就可以传出去，从而大大降低延时。其缺点是错误帧也会被传出去。错误帧概率较小的情况下,可以采用切入法,以提高传输速度;而错误帧概率较大的情况下,可以采用存储转发法,以减少错误帧的重传。

3.1.4　交换机的基本配置

交换机的配置主要包括基本参数的配置和功能配置,交换机配置一般有两种途径,即通过 console 进行本地配置(属于交换机带外管理方式)和通过网络进行远程配置(属于交换机的带内管理),但后一种配置方法只有在前一种配置成功后才可进行。通过 console 口进行配置时,可以采用 Windows 自带的超级终端连接交换机,使计算机成为交换机的虚拟终端对交换机进行配置和管理。对交换机配置和管理首先需要掌握设备的不同模式和不同模式下可以配置的信息。

1.实验内容

(1)正确认识交换机上各端口名称。

(2)通过串口与交换机连接。

(3)使用超级终端进入交换机的配置界面。

(4)熟悉交换机的各种模式以及切换命令。

(5)熟悉交换机配置信息显示的方法。

(6)设置交换机名和 super 密码。

(7)设置交换机 IP 地址和网关地址。

2.实验准备

(1)用于配置和测试的计算机两台(安装 Windows 操作系统)。

(2)交换机一台(本实验中采用华为的 S5700-28C-HI 系列交换机)。

(3)直连网线若干根。

(4)RS-232C 串行通信线一根。

本实验的拓扑结构如图 3-1 所示。采用一台华为 S5700 交换机,两台计算机分别与其相连。

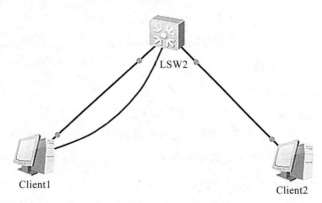

图 3-1　交换机基本配置拓扑

3.实验步骤

(1)通过 console 线缆将交换机的 console 端口与计算机的 RS-232 口连接起来。

(2)通过 Client 机的超级终端登录到交换机上,启动后进行配置和管理。

(3)设置 Client 机的 IP 地址。将主机 Client1 和 Client2 的地址和子网掩码分别配置为 192.168.0.1/24 和 192.168.0.2/24,测试计算机之间的连通性。

(4)交换机配置:在超级终端中出现"Please press enter to start cmd line!"后,按回车键进入用户模式。

(5)输入"system-view"进入特权用户状态。

4.交换机的配置模式

(1)在用户模式下输入"?",显示用户模式下能够使用的各命令。

(2)输入"system-view"进入系统视图,其提示符是[Huawei]。

(3)在特权模式下输入"?",查看特权模式下面可以使用的命令。

(4)输入"interface G0/0/1"进入交换机的端口配置模式,其提示符为[Huawei-Giga-bitEthernet0/0/1]。

(5)输入"q"命令,回到上一级模式。

5.显示命令集

(1)使用命令"?",显示当前提示符下使用的各命令。

(2)输入字母和"?",显示以字母开头的命令集。

(3)输入命令名、空格和"?",显示当前命令下的命令子集。

(4)查看历史命令功能。使用上移箭头。

6.显示交换机的当前信息

交换机上通过 display 命令来显示交换机各方面的信息。

(1)输入"display history-command",显示历史命令。

(2)输入"display version",显示交换机软件的版本信息。

(3)输入"display buffer",显示交换机 flash 内容。

(4)输入"display current-configuration",显示交换机正在运行的配置信息。

(5)输入"display startup",显示交换机备份的配置信息。

(6)输入"display vlan",显示交换机的 VLAN 信息。

(7)输入"display interface",显示交换机的端口信息。

7.配置交换机的基本信息

(1)输入"sysname",配置交换机的名字。

(2)输入"super password",配置交换机 super 的密码。

(3)输入"undo sysname",删除配置的交换机名。

8.配置交换机管理用的 IP 地址和子网掩码

(1)使用命令"interface vlan 1",进入 VLAN1。

(2)使用命令"ip address 192.168.0.10 255.255.255.0"为 VlAN1 分配 IP 地址。

(3)使用命令"interface vlan 1",重新进入该端口,键入命令"undo shutdown",激活该端口。

(4)在 Client1 上使用命令"ping 192.168.0.10",验证是否能够连通,记录结果。

（5）在 Client2 上使用命令"ping 192.168.0.10"，验证是否能够连通，记录结果。

9. 清除交换机的配置并重启

（1）清除交换机的配置（交换机配置在普通模式下，若不手动保存，则默认是不保存的，使用 undo 语句可删除）。

（2）输入命令"undo vlan vlannumber"，清除交换机中配置的 VLAN 信息。

（3）输入命令"reboot"，重新启动交换机。

3.2　VLAN 技术与应用

3.2.1　VLAN 的定义

虚拟局域网（virtual local area network，VLAN）是一组逻辑上的设备和用户，这些设备和用户并不受物理位置的限制，可以根据功能、部门及应用等因素将它们联系起来，它们相互之间的通信就好像在同一个网段中一样，由此得名虚拟局域网。VLAN 是一种比较新的技术，工作在 OSI 参考模型的第二层和第三层，一个 VLAN 就是一个广播域，VLAN 之间的通信是通过第三层的路由器来完成的。

1. 二层广播域

如图 3-2 所示，在传统交换网络中，当主机 PC1 发送一个广播帧或未知单播帧时，该数据帧会被泛洪，甚至传递到整个广播域。广播域越大，产生的网络安全问题、垃圾流量问题就越严重。

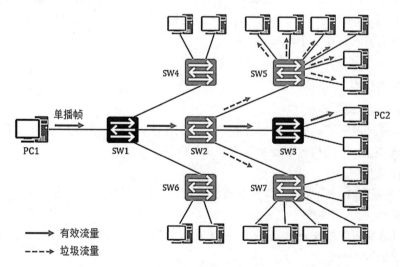

图 3-2　二层广播域（广播域）

注：假定此时 SW1、SW3、SW7 的 MAC 地址表中存在关于 PC2 的 MAC 地址表项，但 SW2 和 SW5 不存在关于 PC2 的 MAC 地址表项。

2. VLAN 网络

如图 3-3 所示，在 VLAN 网络中，在交换机上配置一个或者多个 VLAN，当主机 PC1 发送一个广播帧时，交换机通过查看 MAC 表，将数据帧中的目标 MAC 地址提取出来，并且需要确认"该数据帧的入端口属于哪个 VLAN"，然后在交换机上找到该 VLAN 所对应的

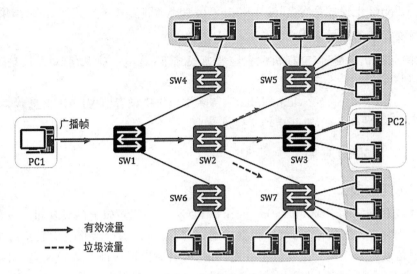

图 3-3　VLAN 网络(多个广播域)

MAC 地址表,在该 VLAN 对应的 MAC 地址表中查看是否有对应的条目。如果有,则将数据帧从对应的端口发送出去;如果没有,则将数据进行广播。

3. VLAN 的特点

(1)一个 VLAN 就是一个广播域,所以在同一个 VLAN 内部,计算机可以直接进行二层通信;而不同 VLAN 内的计算机,无法直接进行二层通信,只能进行三层通信来传递信息,即广播报文被限制在一个 VLAN 内。

(2)VLAN 的划分不受地域的限制。

4. VLAN 的优点

1)灵活构建虚拟工作组

用 VLAN 可以将不同的用户划分到不同的工作组,同一工作组的用户也不必局限于某一固定的物理范围,网络构建和维护更方便灵活。

2)限制广播域

广播域被限制在一个 VLAN 内,节省了带宽,提高了网络处理能力。

3)增强局域网的安全性

不同 VLAN 内的报文在传输时是相互隔离的,即一个 VLAN 内的用户不能和其他VLAN 内的用户直接通信。

4)提高了网络的健壮性

故障被限制在一个 VLAN 内,本 VLAN 内的故障不会影响其他 VLAN 的正常工作。

3.2.2　VLAN 技术原理

1. 如何实现 VLAN

如图 3-4 所示,Switch1 与 Switch2 同属一个企业,该企业统一规划了网络中的 VLAN。其中 VLAN10 用于 A 部门,VLAN20 用于 B 部门。A、B 部门的员工都接入 Switch1 和Switch2。

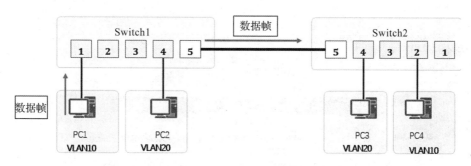

图 3-4　VLAN 之间的通信

PC1 发出的数据经过 Switch1 和 Switch2 之间的链路到达 Switch2。如果不加处理,后者无法判断该数据所属的 VLAN,也不知道应该将这个数据输出到本地哪个 VLAN。

2．VLAN 标签

要使交换机能够分辨不同 VLAN 的报文,需要在报文中添加标识 VLAN 信息的字段。IEEE 802.1Q 协议规定,在以太网数据帧中加入 4 字节的 VLAN 标签(又称 VLAN Tag,简称 Tag)。

如图 3-5 所示,SW1 识别出某个帧属于哪个 VLAN 后,会在这个帧的特定位置上添加一个标签。这个标签明确地标明了这个帧所属的 VLAN。其他交换机(如 SW2)收到这个带标签的数据帧后,就能根据标签信息轻而易举地识别出这个帧所属的 VLAN。

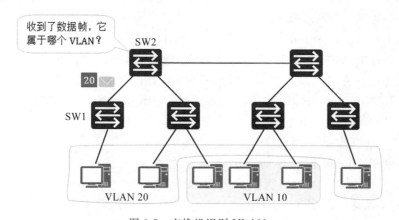

图 3-5　交换机识别 VLAN

3．VLAN 数据帧

在一个 VLAN 交换网络中,以太网帧主要有两种形式,如图 3-6 所示。

(1)标记帧(Tagged 帧):IEEE 802.1Q 协议规定的,在以太网数据帧的目的 MAC 地址和源 MAC 地址字段之后、协议类型字段之前加入 4 字节 VLAN 标签的数据帧。

(2)无标记帧(Untagged 帧):原始的、未加入 4 字节 VLAN 标签的数据帧。

VLAN 数据帧中的主要字段如下。

TPID(tag protocol identifier,标签协议标识符):2 字节。表示数据帧类型。值为

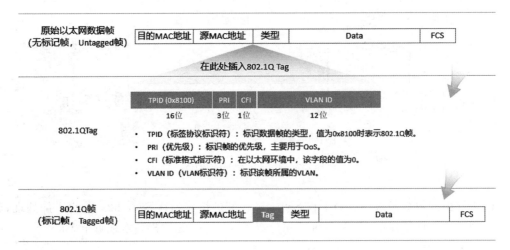

图 3-6　VLAN 数据帧

0x8100 时表示 IEEE 802.1Q 的 VLAN 数据帧。如果不支持 IEEE 802.1Q 的设备收到这样的帧,设备会将其丢弃。

各设备厂商可以自定义该字段的值。当邻居设备将 TPID 值配置为非 0x8100 时,为了能够识别这样的报文,实现互通,必须在本设备上修改 TPID 值,确保和邻居设备的 TPID 值配置一致。

PRI(priority,优先级):3 位。表示数据帧的优先级,主要用于 QoS。取值范围为 0～7,值越大优先级越高。当网络阻塞时,交换机优先发送优先级高的数据帧。

CFI(canonical format indicator,标准格式指示符):1 位。表示 MAC 地址在不同的传输介质中是否以标准格式进行封装,用于兼容以太网和令牌环网。CFI 值为 0 表示 MAC 地址以标准格式进行封装,为 1 表示以非标准格式封装。在以太网中,CFI 的值为 0。

VID(VLAN ID,VLAN 标识符):12 位。表示该数据帧所属 VLAN 的编号。VID 取值范围是 0～4095。由于 0 和 4095 为协议保留取值,所以 VID 的有效取值范围是 1～4094。

交换机利用 VLAN 标签中的 VID 来识别数据帧所属的 VLAN,广播帧只在同一VLAN 内转发,这就将广播域限制在一个 VLAN 内。

注意:计算机无法识别 Tagged 数据帧,因此计算机处理和发出的都是 Untagged 数据帧;为了提高处理效率,交换机内部处理的数据帧一律都是 Tagged 帧。

4.VLAN 的划分方式

1)基于接口的 VLAN 划分

如图 3-7 所示,将 VLAN10 配置到 SW1 交换机的物理接口上,将 VLAN20 配置到 SW2 交换机的物理接口上。如果主机需要移动,则需要重新配置 VLAN。

基于接口的划分原理如下:

①根据交换机的接口来划分 VLAN;

②网络管理员预先给交换机的每个接口配置不同的 PVID(port VLAN ID),将该接口划入 PVID 对应的 VLAN;

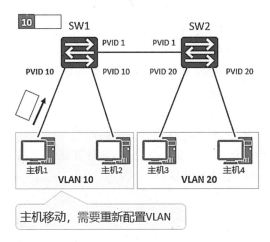

图 3-7 基于接口的 VLAN 划分

③当一个数据帧进入交换机时,如果没有带 VLAN 标签,该数据帧就会被打上接口指定 PVID 的 Tag,然后数据帧将在指定 PVID 中传输。

基于接口的划分特点如下:

①这种划分原则简单而直观,实现容易,是目前实际的网络应用中使用最广泛的划分 VLAN 的方式;

②当计算机接入交换机的端口发生变化时,该计算机发送的帧的 VLAN 归属可能会发生变化。

每个交换机的接口都应该配置一个 PVID,到达这个端口的 Untagged 帧将一律被交换机划分到 PVID 所指代的 VLAN。默认情况下,PVID 的值为 1。

2)基于 MAC 地址的 VLAN 划分

如图 3-8 所示,交换机 SW1 或者 SW2 内部建立并维护了一个 MAC 地址与 VLAN ID 的对应表。当交换机 SW1 或者 SW2 收到计算机发送的 Untagged 帧时,交换机 SW1 或者 SW2 将分析帧中的源 MAC 地址,然后查询 MAC 地址与 VLAN ID 的对应表,并根据对应关系把这个帧划分到相应的 VLAN 中。

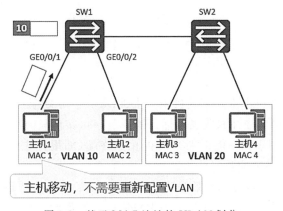

图 3-8 基于 MAC 地址的 VLAN 划分

基于 MAC 地址的 VLAN 划分原理如下：

①根据数据帧的源 MAC 地址来划分 VLAN；

②网络管理员预先配置 MAC 地址和 VLAN ID 映射关系表；

③当交换机收到的是 Untagged 帧时，就依据该表给数据帧添加指定 VLAN 的 Tag，然后数据帧将在指定 VLAN 中传输。

基于 MAC 地址的 VLAN 划分特点如下：

①这种划分实现稍微复杂，但灵活性得到了提高；

②当计算机接入交换机的端口发生了变化时，该计算机发送的帧的 VLAN 归属不会发生变化（因为计算机的 MAC 地址没有变）；

③这种类型的 VLAN 划分安全性不是很高，因为恶意计算机很容易伪造 MAC 地址。

3）以太网二层接口类型

基于接口的 VLAN 划分依赖于交换机的接口类型。常用以太网二层接口类型区别 VLAN。如图 3-9 所示，二层以太网端口类型分为 Access（访问）、Trunk（干道）和 Hybrid（混合）三种。通过在设备接口上配置不同的二层以太网端口类型，实现 VLAN 之间的通信。

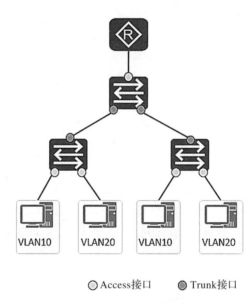

○Access接口　　●Trunk接口

图 3-9　以太网二层接口类型

（1）Access 接口。

Access 接口是交换机上常用来连接用户主机、服务器等终端设备的接口。Access 接口所连接的这些设备的网卡往往只收发无标记帧。Access 接口只能加入一个 VLAN。

Access 接口一般用于和不能识别 Tag 的用户终端（如用户主机、服务器等）相连，或者在不需要区分不同 VLAN 成员时使用。

如图 3-10 所示，Access 接口接收数据帧。当 Access 接口从链路上收到一个 Untagged 帧时，交换机会在这个帧中添加 VID 为 PVID 的 Tag，然后对得到的 Tagged 帧进行转发操作(泛洪、转发、丢弃)。当 Access 接口从链路上收到一个 Tagged 帧时,交换机会检查这个帧的 Tag 中的 VID 是否与 PVID 相同。如果相同,则对这个 Tagged 帧进行转发操作;如果不同,则直接丢弃这个 Tagged 帧。

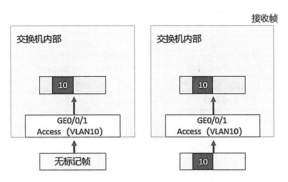

图 3-10　Access 接口接收数据帧

　　如图 3-11 所示,Access 接口发送数据帧。当一个 Tagged 帧从本交换机的其他接口到达一个 Access 接口时,交换机会检查这个帧的 Tag 中的 VID 是否与 PVID 相同。如果相同,则将这个 Tagged 帧的 Tag 进行剥离,然后将得到的 Untagged 帧从链路上发送出去;如果不同,则直接丢弃这个 Tagged 帧。

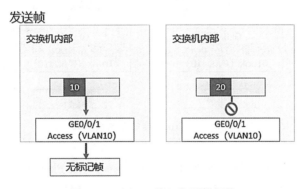

图 3-11　Access 接口发送数据帧

　　(2)Trunk 接口。

　　Trunk 接口允许多个 VLAN 的数据帧通过,这些数据帧通过 IEEE 802.1Q 的 Tag 实现区分。Trunk 接口常用于交换机之间的互联,也用于连接路由器、防火墙等设备的子接口。Trunk 接口一般用于连接交换机、路由器、接入点(access point,AP)以及可同时收发 Tagged 帧和 Untagged 帧的语音终端。

　　如图 3-12 所示,Trunk 接口接收数据帧。

　　当 Trunk 接口从链路上收到一个 Untagged 帧时,交换机会在这个帧中添加 VID 为 PVID 的 Tag,然后查看 PVID 是否在允许通过的 VLAN ID 列表中。如果在,则对得到的 Tagged 帧进行转发操作;如果不在,则直接丢弃得到的 Tagged 帧。

　　当 Trunk 接口从链路上收到一个 Tagged 帧时,交换机会检查这个帧的 Tag 中的 VID

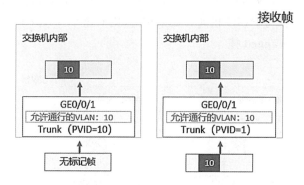

图 3-12　Trunk 接口接收数据帧

是否在允许通过的 VLAN ID 列表中。如果在,则对这个 Tagged 帧进行转发操作;如果不在,则直接丢弃这个 Tagged 帧。

如图 3-13 所示,Trunk 接口发送数据帧。

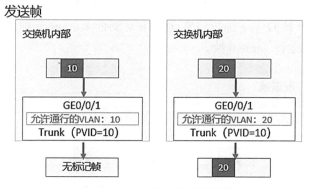

图 3-13　Trunk 接口发送数据帧

当一个 Tagged 帧从本交换机的其他接口到达一个 Trunk 接口时,如果这个帧的 Tag 中的 VID 不在允许通过的 VLAN ID 列表中,则该 Tagged 帧会被直接丢弃。

当一个 Tagged 帧从本交换机的其他接口到达一个 Trunk 接口时,如果这个帧的 Tag 中的 VID 在允许通过的 VLAN ID 列表中,则交换机会比较该 Tag 中的 VID 是否与接口的 PVID 相同。如果相同,则交换机会对这个 Tagged 帧的 Tag 进行剥离,然后将得到的 Untagged 帧从链路上发送出去;如果不同,则交换机不会对这个 Tagged 帧的 Tag 进行剥离,而是直接将它从链路上发送出去。

(3) Hybrid 接口。

Hybrid 接口与 Trunk 接口类似,也允许多个 VLAN 的数据帧通过,这些数据帧通过 IEEE 802.1Q 的 Tag 实现区分。用户可以灵活指定 Hybrid 接口在发送某个(或某些) VLAN 的数据帧时是否携带 Tag。

Hybrid 接口既可以用于连接不能识别 Tag 的用户终端(如用户主机、服务器等),也可以用于连接交换机、路由器以及可同时收发 Tagged 帧和 Untagged 帧的语音终端、AP。

如图 3-14 所示,Hybrid 接口接收数据帧。

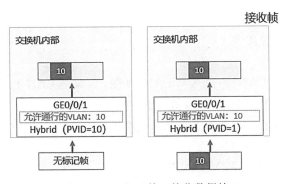

图 3-14　Hybrid 接口接收数据帧

当 Hybrid 接口从链路上收到一个 Untagged 帧时,交换机会在这个帧中添加 VID 为 PVID 的 Tag,然后查看 PVID 是否在 Untagged 或 Tagged VLAN ID 列表中。如果在,则对得到的 Tagged 帧进行转发操作;如果不在,则直接丢弃得到的 Tagged 帧。

当 Hybrid 接口从链路上收到一个 Tagged 帧时,交换机会检查这个帧的 Tag 中的 VID 是否在 Untagged 或 Tagged VLAN ID 列表中。如果在,则对这个 Tagged 帧进行转发操作;如果不在,则直接丢弃这个 Tagged 帧。

如图 3-15 所示,Hybrid 接口发送数据帧。

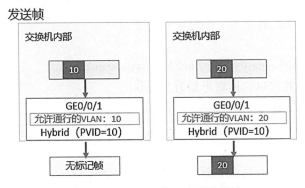

图 3-15　Hybrid 接口发送数据帧

当一个 Tagged 帧从本交换机的其他接口到达一个 Hybrid 接口后,如果这个帧的 Tag 中的 VID 既不在 Untagged VLAN ID 列表中,也不在 Tagged VLAN ID 列表中,则该 Tagged 帧会被直接丢弃。

当一个 Tagged 帧从本交换机的其他接口到达一个 Hybrid 接口后,如果这个帧的 Tag 中的 VID 在 Untagged VLAN ID 列表中,则交换机会对这个 Tagged 帧的 Tag 进行剥离,然后将得到的 Untagged 帧从链路上发送出去。

当一个 Tagged 帧从本交换机的其他接口到达一个 Hybrid 接口后,如果这个帧的 Tag 中的 VID 在 Tagged VLAN ID 列表中,则交换机不会对这个 Tagged 帧的 Tag 进行剥离,而是直接将它从链路上发送出去。

3.2.3 VLAN 配置及应用

1. VLAN 的配置

1）VLAN 的基础配置命令

［Huawei］vlan vlan-id

通过此命令创建 VLAN 并进入 VLAN 视图，如果 VLAN 已存在，则直接进入该 VLAN 的视图。vlan-id 是整数形式，取值范围是 1～4094。

［Huawei］vlan batch｛ vlan-id1［ to vlan-id2 ］｝

通过此命令批量创建 VLAN。

batch：表示指定批量创建的 VLAN ID。

vlan-id1：表示第一个 VLAN 的编号。

vlan-id2：表示最后一个 VLAN 的编号。

2）配置 Access 接口类型

①配置接口类型。

［Huawei-GigabitEthernet0/0/1］port link-type access

在接口视图下，配置接口的链路类型为 Access。

②配置 Access 接口的缺省 VLAN。

［Huawei-GigabitEthernet0/0/1］port default vlan vlan-id

在接口视图下，配置接口的缺省 VLAN 并同时加入这个 VLAN。

vlan-id：表示配置缺省 VLAN 的编号。是整数形式，取值范围是 1～4094。

3）配置 Trunk 接口类型

①配置接口类型。

［Huawei-GigabitEthernet0/0/1］port link-type trunk

在接口视图下，配置接口的链路类型为 Trunk。

②配置 Trunk 接口加入指定 VLAN。

［Huawei-GigabitEthernet0/0/1］port trunk allow-pass vlan｛｛ vlan-id1［to vlan-id2 ］｝｜ all ｝

在接口视图下，配置 Trunk 类型接口加入的 VLAN。

③（可选）配置 Trunk 接口的缺省 VLAN。

［Huawei-GigabitEthernet0/0/1］port trunk pvid vlan vlan-id

在接口视图下，配置 Trunk 类型接口的缺省 VLAN。

4）配置 Hybrid 接口类型。

①配置接口类型。

［Huawei-GigabitEthernet0/0/1］port link-type hybrid

在接口视图下，配置接口的链路类型为 Hybrid。

②配置 Hybrid 接口加入指定 VLAN。

［Huawei-GigabitEthernet0/0/1］port hybrid untagged vlan｛｛ vlan-id1［ to vlan-id2 ］｝｜ all ｝

在接口视图下，配置 Hybrid 类型接口加入的 VLAN，这些 VLAN 的帧以 Untagged 方式通过接口。

　　［Huawei-GigabitEthernet0/0/1］port hybrid tagged vlan { { vlan-id1 ［ to vlan-id2 ］} | all }

　　在接口视图下,配置 Hybrid 类型接口加入的 VLAN,这些 VLAN 的帧以 Tagged 方式通过接口。

　　③(可选)配置 Hybrid 接口的缺省 VLAN。

　　［Huawei-GigabitEthernet0/0/1］port hybrid pvid vlan vlan-id

　　在接口视图下,配置 Hybrid 类型接口的缺省 VLAN。

　　【案例 3-1】基于接口划分 VLAN

　　1)需求

　　某企业的交换机连接很多用户,且不同部门的用户都需要访问公司服务器。但是为了通信的安全性,企业希望不同部门的用户不能直接访问。

　　可以在交换机上配置基于接口划分 VLAN,并配置 Hybrid 接口,使得不同部门的用户不能直接进行二层通信,但都可以直接访问公司服务器。

　　2)拓扑图

　　拓扑图如图 3-16 所示。

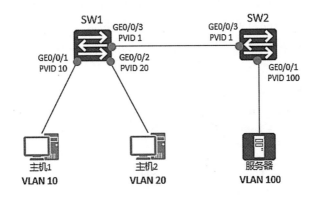

图 3-16　基于接口划分 VLAN

　　3)配置思路

　　创建 VLAN 并将连接用户的接口加入 VLAN,实现不同业务用户之间的二层流量隔离。

　　配置 SW1 和 SW2 的各接口类型以及通过的 VLAN,实现主机和服务器之间通过 SW1 和 SW2 通信。

　　4)详细配置

　　S1 的配置如下:

　　［SW1］vlan batch 10 20 100

　　［SW1］interface GigabitEthernet 0/0/1

[SW1－GigabitEthernet0/0/1] port link-type hybrid

[SW1－GigabitEthernet0/0/1] port hybrid pvid vlan 10

[SW1－GigabitEthernet0/0/1] port hybrid untagged vlan 10 100

[SW1－GigabitEthernet0/0/1] interface GigabitEthernet 0/0/2

[SW1－GigabitEthernet0/0/2] port link-type hybrid

[SW1－GigabitEthernet0/0/2] port hybrid pvid vlan 20

[SW1－GigabitEthernet0/0/2] port hybrid untagged vlan 30 100

[SW1－GigabitEthernet0/0/2] interface GigabitEthernet 0/0/3

[SW1－GigabitEthernet0/0/3] port link-type hybrid

[SW1－GigabitEthernet0/0/3] port hybrid tagged vlan 10 20 100

S2 的配置如下：

[SW2] vlan batch 10 20 100

[SW2] interface GigabitEthernet 0/0/1

[SW2－GigabitEthernet0/0/1] port link-type hybrid

[SW2－GigabitEthernet0/0/1] port hybrid pvid vlan 100

[SW2－GigabitEthernet0/0/1] port hybrid untagged vlan 10　20 100

[SW2－GigabitEthernet0/0/1] interface GigabitEthernet 0/0/3

[SW2－GigabitEthernet0/0/3] port link-type hybrid

[SW2－GigabitEthernet0/0/3] port hybrid tagged vlan 10 20 100

5）验证

[SW1]display vlan

The total number of vlans is : 4

U: Up；D: Down；TG: Tagged；UT: Untagged；

MP: Vlan-mapping；ST: Vlan-stacking；

#: ProtocolTransparent-vlan；*: Management-vlan；

VIDTypePorts

1commonUT:GE0/0/1(U)　GE0/0/2(U)　GE0/0/3(U) ······

10commonUT:GE0/0/1(U)

TG:GE0/0/3(U)

20commonUT:GE0/0/2(U)

TG:GE0/0/3(U)

100commonUT:GE0/0/1(U)　GE0/0/2(U)

TG:GE0/0/3(U)

3.3　生成树协议与应用

生成树协议(STP),是一种工作在 OSI 网络模型中的第二层的通信协议,其基本应用是防止交换机冗余链路产生环路,用于确保以太网中无环路的逻辑拓扑结构,从而避免广播风暴,同时具备链路的备份功能。

3.3.1　STP 原理及应用

1.桥 ID(bridge ID,BID)

在 STP 中,每一台交换机都有一个标示符,叫做 bridge ID 或者桥 ID,桥 ID 由 16 位的桥优先级(bridge priority)和 48 位的 MAC 地址构成。在 STP 网络中,桥优先级是可以配置的,取值范围是 0~65535,默认值为 32768,可以修改但是修改值必须为 1024 的倍数。如图3-17所示,网桥(交换机)的 BID 由桥优先级和 MAC 组成。

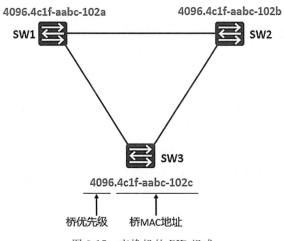

图 3-17　交换机的 BID 组成

2.根桥

优先级最高的设备(数值越小越优先)会被选举为根桥。如果优先级相同,则比较 MAC 地址,MAC 地址越小则越优先。如图 3-18 所示,交换机 SW3 为根桥。

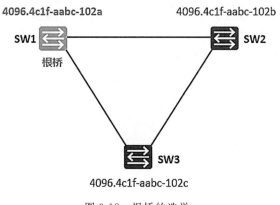

图 3-18　根桥的选举

3.开销

交换机的每个端口都有一个端口开销(port cost)参数,此参数表示该端口在 STP 中的开销值。默认情况下端口的开销和端口的带宽有关,带宽越大,开销越小。

华为交换机支持多种 STP 的路径开销计算标准,提供多厂商场景下最大限度的兼容性。缺省情况下,华为交换机使用 IEEE 802.1t 标准来计算路径开销。

如图 3-19 所示,交换机 Cost 值即为开销值。

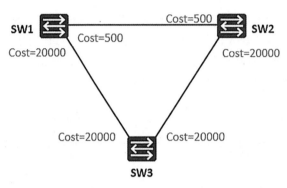

图 3-19　交换机的 Cost 值

4.根路径开销(root path cost,RPC)

RPC 即根路径开销,是一个"丈量"交换机某个接口到根桥的"成本"。一台设备从某个接口到达根桥的 RPC 等于从根桥到该设备沿途所有入方向接口的 Cost 累加。且根桥的根路径开销是 0。

如图 3-20 所示,SW3 从 GE0/0/1 接口到达根桥的 RPC 等于接口 1 的 Cost 加上接口 2 的 Cost。

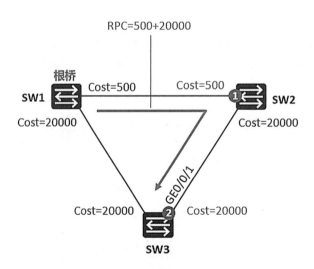

图 3-20　根路径开销

5. 接口 ID(port ID,PID)

运行 STP 的交换机使用接口 ID 来标识每个接口,接口 ID 主要用于特定场景下选举指定接口。接口 ID 由两部分构成,高 4 位是接口优先级;低 12 位是接口编号。

端口优先级取值范围是 0 到 240,步长为 16,即取值必须为 16 的整数倍。缺省情况下,端口优先级是 128。端口 ID 可以用来确定端口角色。

如图 3-21 所示,交换机的每个接口都对应一个 PID 值。

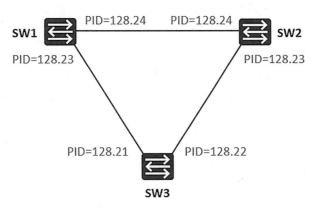

图 3-21 接口的 PID 值

6. 网桥协议数据单元(bridge protocol data unit,BPDU)

BPDU 是 STP 能够正常工作的根本。BPDU 是 STP 的协议报文。STP 交换机之间会交互 BPDU 报文,这些 BPDU 报文携带着一些保障 STP 顺利工作的重要信息。BPDU 分为两种类型:配置 BPDU(configuration BPDU)和 TCN BPDU(topology change notification BPDU)。配置 BPDU 是 STP 进行拓扑计算的关键;TCN BPDU 只在网络拓扑发生变更时才会被触发。

如图 3-22 所示,配置 BPDU 包含了桥 ID、路径开销和端口 ID 等参数。STP 协议通过在交换机之间传递配置 BPDU 来选举根交换机,并确定每个交换机端口的角色和状态。在初始化过程中,每个桥都主动发送配置 BPDU。在网络拓扑稳定以后,只有根桥主动发送配置 BPDU,其他交换机在收到上游传来的配置 BPDU 后,才会发送自己的配置 BPDU。

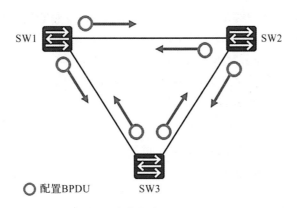

图 3-22 交换机发送配置 BPDU

3.3.2　RSTP 原理

STP 协议虽然能够解决环路问题,但是收敛速度慢,影响了用户的通信质量。如果 STP 网络的拓扑结构频繁变化,网络也会频繁失去连通性,从而导致用户通信频繁中断。

快速生成树协议(rapid spanning tree protocol,RSTP)在 STP 基础上进行了改进,使用了 P/A 机制(proposal/agreement 机制)保证链路及时协商,从而有效避免收敛计时器在生成树收敛前超时。P/A 机制是 RSTP 网络中的一种拓扑收敛机制,P/A 机制中同步的作用是避免临时环路的产生。

1.RSTP 端口角色

RSTP 通过分配端口角色和学习动态拓扑结构提供快速生成树收敛。

RSTP 根据端口在活动拓扑中的作用,定义了 5 种端口角色,其中包括 STP 中定义的端口:阻塞端口(disabled port)、根端口(root port)、指定端口(designated port),以及为支持 RSTP 的快速特性规定新增的替代端口(alternate port)和备份端口(backup port)。

(1)根端口(root port):是 STP 原有的端口角色,是非根交换机去往根桥路径最优的端口,一个非根交换机上最多只有一个。

(2)指定端口(designated port):是 STP 原有的端口角色,是交换机向所连网段转发配置 BPDU 的端口,每个网段有且只能有一个指定端口。一般情况下,根桥的每个端口都是指定端口。

(3)阻塞端口(disabled port):是 STP 中原有的端口角色。该类端口在生成树操作中没有担当任何角色,不参与 RSTP 运算。

(4)备份端口(backup port):是 RSTP 特有的一种端口角色。该类端口为指定端口到达生成树叶提供一条备份路径。当一个交换机和一个共享媒介设备(如 Hub)建立两个或者多个连接时,可以使用 Backup 端口。同样,当交换机上两个或者多个端口和同一个 LAN 网段连接时,也可以使用 Backup 端口。

(5)替代端口(alternate port):是 RSTP 特有的一种端口角色。该类端口作为根端口的备份端口,提供了从指定桥到根桥的另一条备份路径。

除了以上这五个端口角色,还有一类特殊的指定端口,位于网络边缘,被称为边缘端口。

(1)边缘端口一般与用户终端设备直接连接,不与任何交换设备连接。

(2)边缘端口不接收配置 BPDU 报文,不参与 RSTP 运算,可以由 Disabled 状态直接转到 Forwarding 状态,且不经历时延,就像在端口上 STP 禁用了一样。

(3)一旦边缘端口收到配置 BPDU 报文,就丧失了边缘端口属性,成为普通 STP 端口,并重新进行生成树计算,从而引起网络震荡。

2.RSTP 的端口状态

RSTP 把原来 STP 的 5 种端口状态简化成了 3 种,如图 3-23 所示。

STP 的 Disabled、Blocking/Discarding、Listening 端口状态在 RSTP 中集成到 Discarding 状态。

(1)Discarding 状态:端口既不转发用户流量,也不学习 MAC 地址。

STP	RSTP	端口角色
Disabled	Discarding	Disable
Blocking	Discarding	Alternate端口、Backup端口
Listening	Discarding	根端口、指定端口
Learning	Learning	根端口、指定端口
Forwarding	Forwarding	根端口、指定端口

图 3-23　RSTP 和 STP 端口状态区别

（2）Learning 状态：端口不转发用户流量，但是学习 MAC 地址。

（3）Forwarding 状态：端口既转发用户流量，又学习 MAC 地址

3. RST BPDU 报文（对比 BPDU）

除了部分参数不同，RSTP 使用了类似于 STP 的 BPDU 报文，即 RST BPDU 报文。

如图 3-24 所示，BPDU Type 用来区分 STP 的 BPDU 报文和 RST BPDU 报文。STP 的配置 BPDU 报文的 BPDU Type 值为 0（0x00），TCN BPDU 报文的 BPDU Type 值为 128（0x80），RST BPDU 报文的 BPDU Type 值为 2（0x02）。

STP 的 BPDU 报文的 Flags 字段中只定义了拓扑变化（topology change，TC）标志和拓扑变化确认（topology change acknowledgment，TCA）标志，其他字段保留。在 RST BPDU 报文的 Flags 字段里，还使用了其他字段，包括 P/A 进程字段和定义端口角色以及端口状态的字段。Forwarding、Learning 与 Port Role 表示发出 BPDU 的端口的状态和角色。

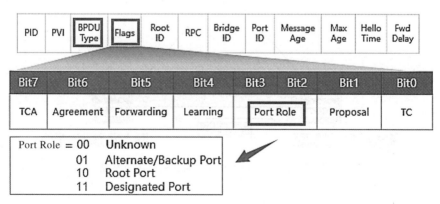

图 3-24　RSTP BPDU 报文

4. RSTP 收敛过程 P/A 进程

RSTP 收敛遵循 STP 基本原理。网络初始化时，网络中所有的 RSTP 交换机都认为自己是根桥，并设置每个端口为指定端口。此时，端口为 Discarding 状态。

每个认为自己是根桥的交换机生成一个 RST BPDU 报文来协商指定网段的端口状态，

此 RST BPDU 报文的 Flags 字段中的 Proposal 需要置位。当一个端口收到 RST BPDU 报文时,此端口会比较收到的 RST BPDU 报文和本地的 RST BPDU 报文。如果本地的 RST BPDU 报文优于接收的 RST BPDU 报文,则端口会丢弃接收的 RST BPDU 报文,并发送 Proposal 置位的本地 RST BPDU 报文来回复对端设备。

交换机使用同步机制来实现端口角色协商管理。当收到 Proposal 置位和优先级高的 BPDU 报文时,接收交换机必须设置所有下游指定端口为 Discarding 状态。如果下游端口是 Alternate 端口或者边缘端口,则端口状态保持不变。若下游指定端口暂时迁移到 Discarding 状态的情形,则 P/A 进程中任何帧转发都将被阻止。

当确认下游指定端口迁移到 Discarding 状态时,设备发送 RST BPDU 报文回复上游交换机发送的 Proposal 消息。在此过程中,端口已经确认为根端口,因此 RST BPDU 报文 Flags 字段里面设置了 Agreement 标记位和根端口角色。

在 P/A 进程的最后阶段,上游交换机收到 Agreement 置位的 RST BPDU 报文后,指定端口立即从 Discarding 状态迁移为 Forwarding 状态。然后下游网段开始使用同样的 P/A 进程协商端口角色。

5.链路故障/根桥失效

如图 3-25 所示,在 STP 中,当出现链路故障或根桥失效导致交换机收不到 BPDU 时,交换机需要等待 Max Age 时间后才能确认出现了故障。而在 RSTP 中,如果交换机的端口在连续 3 次 Hello Timer 规定的时间间隔内没有收到上游交换机发送的 RST BPDU,便会确认本端口和对端端口的通信失败,从而需要重新进行 RSTP 的计算来确定交换机及端口角色。

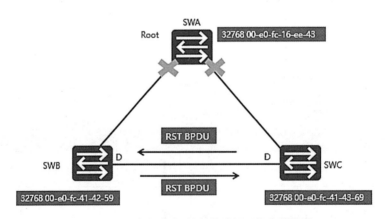

图 3-25　链路故障/根桥失效时的网络收敛情况

6.RSTP 拓扑变化处理

RSTP 拓扑变化的处理类似于 STP 拓扑变化的处理,但也有些细微差别。

如图 3-26 所示,SWC 发生链路故障,SWA 和 SWC 便立即检测到链路故障并清除连接此链路的端口上的 MAC 地址表项。接下来 SWC 选举出新的根端口并立即进入 Forwarding 状态,因此触发 SWC 向外发送 TC 置位的 BPDU 报文(简称 TC 报文)。通知上游交换机清除所有端口(除了接收到 TC 报文的端口)上的 MAC 地址表项。TC 报文周期性地转发给邻居,在此周期内,所有相关接口上的 MAC 地址表项将会被清除,设备重新学习 MAC 地址表项。交换机端口上的"×"表示由于拓扑变化导致端口上的 MAC 地址表项被清除。

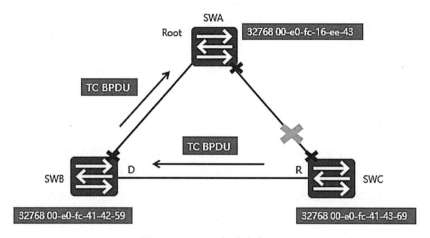

图 3-26　RSTP 拓扑变化处理

3.3.3　MSTP 原理

1. MSTP 概述

(1)MSTP(multi-service transport platform,多业务传送平台)具有 VLAN 认知能力,能够基于 VLAN 构建生成树实例(instance),各个实例之间相互独立。

(2)允许多个 VLAN 映射到同一个实例中,以降低各种资源的占用率。

(3)多实例并存能够有效解决负载均衡问题。

(4)能够实现类似于 RSTP 的端口状态快速切换。

(5)MSTP 可以很好地向下兼容 STP/RSTP。

2. MSTP 概念

1)MSTP 的划分

MSTP 是按照分区而治的方法进行网桥管理的,把具有相同配置标识(MST configura-tion identifier)的网桥划在同一个域内(region),在域内按照实例来构建生成树,称为多生成树实例(multiple spanning tree instance,MSTI),各个域之间的 MSTI 相互独立。

若以下四部分都相同,则可判断交换机具有相同配置标识。

①配置标识格式选择器:1 字节,固定为 0。

②域名:用来标志 MST region 的名称。

③修正级别:范围为 0～65535。

④配置摘要:由实例与 VLAN 的映射生成,实例与 VLAN 的映射关系相同,配置摘要才相同。所有 VLAN 默认都映射到 instance 0。

2)MSTP 的公共生成树 CST

CST(common spanning tree)是连接整个 MSTP 网络内所有 MST 域的一棵单生成树(single spanning tree,SST),是针对整个 MSTP 网络来计算的,每个网络中只有一个 CST;

CST 把整个域作为一个虚拟网桥来看待,只关注域之间的连接,而不关注域内部的连接。

3)MSTP 的内部生成树 IST

IST(internal spanning tree)存在于每个虚拟网桥内部,每个 MST 域内部都会形成唯一一个 IST,各个域之间的 IST 相互独立;IST 是一个特殊的 MSTI,即实例为 0 的 MSTI,通常称为 MSTI0,IST 是 CIST 在 MST 域中的一个片段。

4)公共和内部生成树 CIST

CIST(common and internal spanning tree)是公共和内部生成树,是连接一个交换网络内所有交换设备的单生成树;CIST 在整个交换网络中是唯一的,由 CST 和每个 MST 域内的 IST 共同组成。

5)多生成树实例 MSTI

MSTI 是存在于每个虚拟网桥内部的特定 VLAN 的生成树,每个 VLAN 都对应唯一一个 MSTI,多个 VLAN 可以对应同一个 MSTI,网络中的所有 MSTI 相互独立;从 MST 域来看,每个 MST 域内,既包括 CIST 在该域的部分(即 IST),又包括每个域内独立运行的一个或多个 MSTI;MSTI 同 IST 一样只关注域内部的连接,而不关注域之间的连接,但 MSTI 在域内更遵循 SST 选举规则。

6)MSTI 的相关参数

①MSTI 域根桥(MSTI regional root):每个 MST 域内的每个 MSTI 的根桥,对于不同的 MSTI,其 MSTI 域根桥可能并不相同。

②MSTI 内部根路径花费(MSTI internal root path cost):MST 域内的网桥到该域的 MSTI 域根桥的根路径花费,仅在该域内有效。

③MSTI 指定网桥(MSTI designated bridge):同 SST 的指定网桥。

7)CIST 和 MSTI 的端口角色

CIST 端口角色如下:

①根端口:指桥上通过 CIST 域根桥到达 CIST 根桥的具有最小路径花费的端口(Forwarding 状态)。

②指定端口:同 SST(Forwarding 状态)。

③备份端口:同 SST(Discarding 状态)。

④替换端口:同 SST(Discarding 状态)。

MSTI 端口角色如下:

①主端口:CIST 域根桥的根端口是该 MST 域的所有 MSTI 的主端口,每个 MSTI 都通过这个端口与上行通信(Forwarding 状态)。

②根端口:同 SST(Forwarding 状态)。

③指定端口:同 SST(Forwarding 状态)。

④备份端口:同 SST(Discarding 状态)。

⑤替换端口:同 SST(Discarding 状态)。

3. MSTP 报文

STP 中定义的配置 BPDU、RSTP 中定义的 RSTP BPDU、MSTP 中定义的 MSTP BPDU 和 TCN BPDU 的对比如表 3-1 所示。

表 3-1　四种 BPDU 报文比较

版本	类型	名称
0	0x00	配置 BPDU
0	0x80	TCN BPDU
2	0x02	RSTP BPDU
3	0x02	MSTP BPDU

4.MSTP 选举

(1)CIST 在进行指定端口选举时,比较如下参数:

①CIST root id(根桥 ID);

②CIST external root path cost(端口所在区域的 CIST 外部根路径花费);

③CIST regional root id(端口所在区域的 CIST 区域根 ID)。

这些参数之间是存在优先级的,越靠前优先级越高。

(2)CIST 在进行根端口选举时,需要使用如下 7 个协议参数(也称为 CIST 优先级向量):

①CIST root id(根桥 ID);

②CIST external root path cost(端口所在区域的 CIST 外部根路径花费);

③CIST regional root id(端口所在区域的 CIST 区域根 ID);

④CIST internal root path cost(端口的 CIST 指定桥内部根路径花费);

⑤CIST designated bridge id(端口的 CIST 指定桥 ID);

⑥CIST designated port id(端口的 CIST 指定端口 ID);

⑦CIST receiving port id(端口自身的 ID);

这些参数之间是存在优先级的,越靠前优先级越高。

5.MSTP 拓扑变化

在 MSTP 中,只有一种情况被认为发生了拓扑变化,即当一个端口从非活动端口转变为活动端口时才认为发生了拓扑变化,也就是端口角色由替换端口或备份端口转换到根端口、指定端口或主端口。MSTP 的拓扑变化传播和 RSTP 类似。另外,MSTP 也支持和 RSTP 一样的"提议/同意"机制和点到点链路类型,可快速由端口状态转换到 Forwarding 状态。

3.3.4　STP 配置

1.配置生成树工作模式

[Huawei]stp mode { stp | rstp | mstp }

交换机支持 STP、RSTP 和 MSTP 三种生成树工作模式,默认工作模式为 MSTP 模式。

2.(可选)配置根桥

[Huawei]stp root primary

配置当前设备为根桥。缺省情况下,交换机不作为任何生成树的根桥。配置后该设备优先级数值自动为0,并且不能更改设备优先级。

3.(可选)备份根桥

[Huawei] stp root secondary

配置当前交换机为备份根桥。缺省情况下,交换机不作为任何生成树的备份根桥。配置后该设备优先级数值为4096,并且不能更改设备优先级。

4.(可选)配置交换机的 STP 优先级

[Huawei] stp priority priority

缺省情况下,交换机的优先级取值是32768。

5.(可选)配置接口路径开销

[Huawei] stp pathcost-standard { dot1d-1998 | dot1t | legacy }

配置接口路径开销计算方法。缺省情况下,路径开销值的计算方法为 IEEE 802.1t (dot1t)标准方法。

同一网络内所有交换机的接口路径开销应使用相同的计算方法。

[Huawei-GigabitEthernet0/0/1]stp cost cost

设置当前接口的路径开销值。

6.(可选)配置接口优先级

[Huawei-intf] stp priority priority

配置接口的优先级。缺省情况下,交换机接口的优先级取值是128。

7.启用 STP/RSTP/MSTP

[Huawei]stp enable

使能交换机的 STP/RSTP/MSTP 功能。缺省情况下,设备的 STP/RSTP/MSTP 功能处于启用状态。

【案例 3-2】STP 的基础配置

1)需求

在图 3-27 的三台交换机上部署 STP,以便消除网络中的二层环路。通过配置,将 SW1 指定为根桥,并使 SW3 的 GE0/0/22 接口被 STP 阻塞。

2)拓扑图

拓扑图如图 3-27 所示,三台交换机都运行 STP 协议。

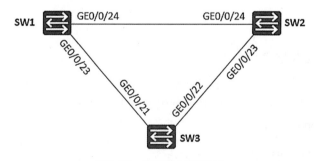

图 3-27　STP 的基础配置

3)详细配置

SW1 的配置如下：

[SW1] stp mode stp

[SW1] stp enable

[SW1] stp priority 0

SW2 的配置如下：

[SW2] stp mode stp

[SW2] stp enable

[SW2] stp priority 4096

SW3 的配置如下：

[SW3] stp mode stp

[SW3] stp enable

[SW3] stp priority 0

4)验证

〈SW3〉display stp brief

MSTID	Port	Role	STP State	Protection
0	GigabitEthernet0/0/21	ROOT	FORWARDING	NONE
0	GigabitEthernet0/0/22	ALTE	DISCARDING	NONE

3.4　链路聚合技术

链路聚合(link aggregation,CA),是指将多个物理端口捆绑在一起,成为一个逻辑端口,以实现出/入流量在各成员端口中的负荷分担,交换机根据用户配置的端口负荷分担策略决定报文从哪一个成员端口发送到对端的交换机。当交换机检测到其中一个成员端口的链路发生故障时,就停止在此端口上发送报文,并根据负荷分担策略在剩下链路中重新计算报文发送的端口,故障端口恢复后重新计算报文发送端口。链路聚合在增加链路带宽、实现链路传输弹性和冗余等方面是一项很重要的技术。

3.4.1　链路聚合原理

1.以太网链路聚合

以太网链路聚合(Eth-Trunk),简称链路聚合,其通过将多个物理接口捆绑成一个逻辑接口,可以在不进行硬件升级的条件下,达到增加链路带宽的目的。

2.链路聚合基本术语/概念

图 3-28 标识了链路聚合基本术语。

1)聚合组

聚合组(link aggregation group,LAG)是若干条链路捆绑在一起所形成的逻辑链路。每个聚合组唯一对应着一个逻辑接口,这个逻辑接口又被称为链路聚合接口或 Eth-Trunk 接口。

2)成员接口和成员链路

组成 Eth-Trunk 接口的各个物理接口称为成员接口。成员接口对应的链路称为成员

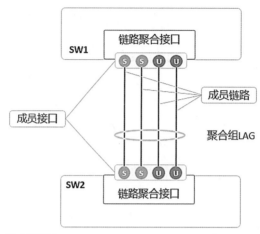

图 3-28   链路聚合基本术语

链路。

3）活动接口和活动链路

活动接口又称选中（selected）接口，是参与数据转发的成员接口。活动接口对应的链路称为活动链路（active link）。

4）非活动接口和非活动链路

非活动接口又叫非选中（unselected）接口，是不参与转发数据的成员接口。非活动接口对应的链路称为非活动链路（inactive link）。

5）聚合模式

根据是否开启链路聚合控制协议（link aggregation control protocol，LACP），链路聚合可以分为手动模式和 LACP 模式。

3.手动模式

Eth-Trunk 的建立、成员接口的加入均由手动完成，双方系统之间不使用 LACP 进行协商。正常情况下所有链路都是活动链路，该模式下所有活动链路都参与数据的转发并平均分担流量。如果某条活动链路发生故障，则链路聚合组自动在剩余的活动链路中平均分担流量。

当聚合的两端设备中存在一个不支持 LACP 协议时，可以使用手动模式。但是手动模式有两个缺陷：一是设备间没有报文交互，因此只能通过管理员人工确认；二是设备只能通过物理层状态判断对端接口是否正常工作。

4.LACP 模式

LACP 模式是采用 LACP 协议的一种链路聚合模式。设备间通过链路聚合控制协议数据单元（link aggregation control protocol data unit，LACPDU）进行交互，通过协议协商确保对端是同一台设备、同一个聚合接口的成员接口。

LACPDU 报文中包含系统优先级、MAC 地址、接口优先级、最大活动接口数、最小活动接口数等参数。在链路聚合中可以通过 LACPDU 报文中的参数确定主动端和活动接口。

1）系统优先级

根据系统 LACP 优先级确定主动端，值越小优先级越高。系统 LACP 优先级值默认为 32768，值越小越优先，通常保持默认值。当优先级一致时，LACP 会通过比较 MAC 地址选择主动端，MAC 地址越小越优先。

2）接口优先级

选出主动端后，参与链路聚合的交换机都会以主动端的接口优先级来选择活动接口，优先级高的接口将优先被选为活动接口。接口 LACP 优先级值越小，优先级越高。接口 LACP 优先级值默认为 128，通常保持默认值，当优先级一致时 LACP 会通过接口编号选择活动接口，接口编号越小越优先。

3）最大活动接口数

LACP 模式支持配置最大活动接口数目，当成员接口数目超过最大活动接口数目时，会通过比较接口优先级、接口号选举出较优的接口成为活动接口，其余的则成为备份端口（非活动接口），同时对应的链路分别成为活动链路、非活动链路。交换机只会从活动接口中发送、接收报文。如图 3-29 所示，接口 1 和接口 2 成为活动接口，接口 3 和接口 4 成为非活动接口。接口 1 和接口 2 所在的链路是活动链路，接口 3 和接口 4 所在的链路都是非活动链路。

图 3-29　活动接口和非活动接口

当活动链路中出现链路故障时，可以从非活动链路中找出一条优先级最高（接口优先级、接口编号比较）的链路替换故障链路，实现总体带宽不发生变化、业务不间断转发。如图 3-30 所示，当活动接口 2 发生故障时，选择非活动接口 3 作为活动接口。

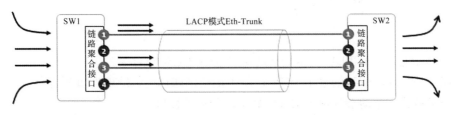

图 3-30　选举活动接口

4)活动链路选举

①选择 LACP 协商过程的主动端。

如图 3-31 所示,SW1、SW2 配置 LACP 模式的链路聚合,将四个接口加入 Eth-Trunk 中,接口编号分别为 1、2、3、4。SW1、SW2 配置 Eth-Trunk 最大活动接口数目为 2,其余配置保持默认值(系统优先级、接口优先级)。

SW1、SW2 分别从成员接口 1、2、3、4 对外发送 LACPDU。SW1、SW2 收到对端发送的 LACPDU,比较系统优先级,都为默认的 32768;继续比较 MAC 地址,SW1 MAC 为 4c1f-cc58-6d64,SW2 MAC 为 4c1f-cc58-6d65,SW1 拥有更小的 MAC 地址,优选其为 LACP 选举的主动端。

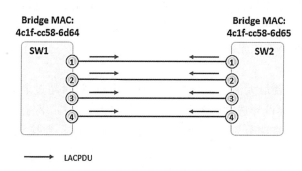

图 3-31　选择主动端

②选举活动接口。

如图 3-32 所示,SW1 在本端通过比较接口优先级、接口编号选举出活动接口,其中 1、2 号接口在相同的接口优先级下拥有更小的接口编号,成为活动接口。

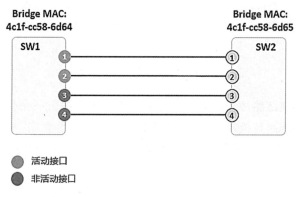

图 3-32　活动接口的选举

③主动端通过 LACPDU 将本端活动端口选举结果告知对端。

如图 3-33 所示,SW1 通过 LACPDU 将本端活动端口选举结果告知对端。

④被动端依据主动端的选举结果明确本端的活动接口。

如图 3-34 所示,SW2 依据 SW1 的选举结果,明确本端的活动接口,同时对应的链路成为活动链路。至此,Eth-Trunk 的活动链路选举过程完成。

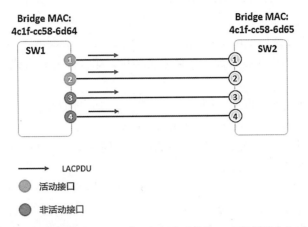

图 3-33　主动端通过 LACPDU 将本端活动端口选举结果告知对端

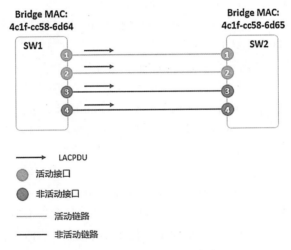

图 3-34　活动链路选举完成

3.4.2　链路聚合配置及应用

1.链路聚合配置

1)创建链路聚合组

[Huawei]interface eth-trunk trunk-id

创建 Eth-Trunk 接口,并进入 Eth-Trunk 接口视图。

2)配置链路聚合模式

[Huawei-Eth-Trunk1]mode {lacp | manual load-balance }

Mode LACP 配置链路聚合模式为 LACP 模式,mode manual load-balance 配置链路聚合模式为手动模式。需要保持两端链路聚合模式一致。

3)将接口加入链路聚合组中(以太网接口视图)

[Huawei-GigabitEthernet0/0/1] eth-trunk trunk-id

在接口视图下,把接口加入 Eth-Trunk 中。

4)将接口加入链路聚合组中(Eth-Trunk 视图)

［Huawei-Eth-Trunk1］trunkport interface-type｛interface-number｝

在 Eth-Trunk 视图中将接口加入链路聚合组中。第 3、4 两种方式都可以将接口加入链路聚合组中。

5)使能允许不同速率端口加入同一个 Eth-Trunk 接口的功能

［Huawei-Eth-Trunk1］mixed-rate link enable

缺省情况下,设备未使能允许不同速率端口加入同一个 Eth-Trunk 接口中,只能相同速率的接口加入同一个 Eth-Trunk 接口中。

6)配置系统 LACP 优先级

［Huawei］lacp priority priority

系统 LACP 优先级值越小优先级越高,缺省情况下,系统 LACP 优先级值为 32768。

7)配置接口 LACP 优先级

［Huawei-GigabitEthernet0/0/1］lacp priority priority

在接口视图下配置接口 LACP 优先级。缺省情况下,接口的 LACP 优先级值是 32768。接口优先级值越小,接口的 LACP 优先级越高。

只有在接口已经加入链路聚合时,才可以配置该命令。

8)配置最大活动接口数

［Huawei-Eth-Trunk1］max active-linknumber｛number｝

配置时需注意保持本端和对端的最大活动接口数一致,只有 LACP 模式支持配置最大活动接口数。

9)配置最小活动接口数

［Huawei-Eth-Trunk1］least active-linknumber｛number｝

本端和对端设备的活动接口数下限阈值可以不同,手动模式、LACP 模式都支持配置最小活动接口数。配置最小活动接口数是为了保证最小带宽,当前活动链路数目小于下限阈值时,Eth-Trunk 接口的状态转为 Down。

【案例 3-3】如图 3-35 所示,SW1、SW2 都连接 VLAN10、VLAN20 的网络。SW1 和 SW2 之间通过三根以太网链路互联,为了提供链路冗余以及保证传输可靠性,在 SW1、SW2 之间配置 LACP 模式的链路聚合,手动调整优先级让 SW1 成为主动端,并配置最大活跃端口为 2,另外一条链路作为备份。

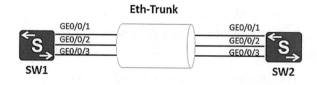

图 3-35　LACP 模式链路聚合配置

SW1 的配置如下:

［SW1］interface eth-trunk 1

［SW1-Eth-Trunk1］mode lacp

［SW1-Eth-Trunk1］max active-linknumber 2

［SW1-Eth-Trunk1］trunkport gigabitethernet 0/0/1 to 0/0/3

［SW1-Eth-Trunk1］port link-type trunk

［SW1-Eth-Trunk1］port trunk allow-pass vlan 10 20

［SW1-Eth-Trunk1］quit

［SW1］lacp priority 30000

SW2 的配置如下：

［SW2］interface eth-trunk 1

［SW2-Eth-Trunk1］mode lacp

［SW2-Eth-Trunk1］max active-linknumber 2

［SW2-Eth-Trunk1］trunkport gigabitethernet 0/0/1 to 0/0/3

［SW2-Eth-Trunk1］port link-type trunk

［SW2-Eth-Trunk1］port trunk allow-pass vlan 10 20

［SW2-Eth-Trunk1］quit

2.链路聚合应用

1）交换机之间

为保证交换机之间的链路带宽以及可靠性，可以在交换机之间部署多条物理链路并使用 Eth-Trunk。

2）交换机与服务器之间

为了提高服务器的接入带宽和可靠性，将两个或者更多的物理网卡聚合成一个网卡组，与交换机建立链路聚合。

3）交换机与堆叠系统

堆叠系统使得两台交换机成为一台逻辑上的设备，交换机与堆叠系统通过链路聚合互联可以组建高可靠、无环的网络。

4）防火墙双机热备心跳线

防火墙双机热备组网中使用心跳线来检测对端设备的状态，为防止单端口、单链路故障导致的状态监测错误，可以部署 Eth-Trunk，使用 Eth-Trunk 作为检测状态的心跳线。

小　结

为提高链路可靠性、链路利用率、链路带宽，可以使用链路聚合技术，按照聚合方式不同链路聚合可以分为手工模式和 LACP 模式。

LACP 模式采用报文协商，可以实现活动链路的备份，在链路出现故障时将备份链路选举为活动链路继续参与转发。为保证报文到达的顺序，链路聚合的负载分担采用基于流的形式。

思考与练习

如果一个 Trunk 接口的 PVID 是 5，且端口下配置 port trunk allow-pass vlan 2 3，那么

哪些 VLAN 的流量可以通过该 Trunk 接口进行传输？

自我检测

1. 以下关于 STP 接口状态的说法,错误的是( )。

A. 被阻塞的接口不会侦听,也不会发送 BPDU

B. 处于 Learning 状态的接口会学习 MAC 地址,但是不会转发数据

C. 处于 Listening 状态的接口会持续侦听 BPDU

D. 被阻塞的接口如果一定时间内收不到 BPDU,则会自动切换到 Listening 状态

2. 下列关于 VLAN 的描述中,错误的是( )。

A. VLAN 技术可以将一个规模较大的冲突域隔离成若干个规模较小的冲突域

B. VLAN 技术可以将一个规模较大的二层广播域隔离成若干个规模较小的二层广播域

C. 位于不同 VLAN 中的计算机之间无法进行通信

D. 位于同一 VLAN 中的计算机之间可以进行二层通信

第4章　路由技术

【本章导读】

在一个典型的数据通信网络中,往往存在多个不同的 IP 网段,数据在不同的 IP 网段之间交互需要借助三层设备,这些设备具备路由功能,能够实现数据的跨网段转发。

路由是数据通信网络中的基本要素。路由信息是指导报文转发的路径信息,路由过程就是报文转发的过程。

【学习目标】

1.了解路由器的基本原理。

2.掌握路由器选择最优路由的方法。

3.了解路由表的具体内容。

4.了解 OSPF 协议的工作原理。

5.了解 OSPF 协议的基础配置。

4.1　路由器基本原理

4.1.1　路由器作用

信息传送为路由器的主要功能。这个过程可以理解为寻址过程。路由器在不同网络之间,并不一定是信息的最终接收地址。路由器的具体功能如下:

(1)实现网络的互联,其中包括 IP、TCP、UDP、ICMP 等网络;

(2)对数据进行处理,包括收发数据包,对数据进行分组过滤、防护、压缩、加密等;

(3)根据路由表的信息,对数据包的下一传输目的地进行选择;

(4)实现对外部网关协议和其他自治域之间拓扑信息的交换,实现网络管理和系统支持。

4.1.2　路由器工作原理

网络设备的通信主要通过其 IP 地址实现,而路由器就是根据具体的 IP 地址来转发数据的。由子网掩码来确定网络地址和主机地址,IP 地址由主机地址和网络地址组成。IP 地址和子网掩码是一一对应的,都是 32 位,主机地址和网络地址就可以构成一个完整的 IP 地址。计算机之间的通信只能在具有相同网络地址的 IP 地址之间进行,假如让不同网段的计算机进行通信,则信息必须通过路由器转发出去。路由器的多个端口可以连接多个网段,每个端口的 IP 地址的网络地址必须与连接的网段的网络地址一致。

4.2   路由基础

路由的定义是分组从源到目的地时,决定端到端路径的网络范围的进程。在 OSI 参考模型下,路由主要在第三层网络层中进行:通过寻址来建立两个节点之间的连接,为源端的运输层送来的分组,选择合适的路由和交换节点,正确无误地按照地址传送给目的端的运输层。路由器根据路由指导的 IP 报文的路径转发信息,根据路由提供的路径信息转发数据包。

4.2.1   路由分类

一般路由器查找路由的顺序为直连路由、静态路由、动态路由,如果路由表中都没有合适的路由,则通过缺省路由将数据包传输出去,可以综合使用四种路由。

1.直连路由

当接口配置了网络协议地址并状态正常时,接口上配置的网段地址自动出现在路由表中并与接口关联,同时随接口的状态变化在路由表中自动出现或消失。当路由器为路由转发的最后一跳路由器时,IP 报文匹配直连路由,路由器转发 IP 报文到目的主机。使用直连路由进行路由转发时,报文的目的 IP 和路由器接口 IP 在一个网段之中。

2.静态路由

静态路由是指由管理员手动配置和维护的路由。

静态路由配置简单,被广泛应用于网络中。另外,静态路由还可以实现负载均衡和路由备份。因此,学习并掌握静态路由的应用与配置是非常有必要的。静态路由无须像动态路由那样占用路由器的 CPU 资源来计算和分析路由更新。但其也有缺点,当网络拓扑发生变化时,静态路由不会自动适应拓扑改变,而需要管理员手动进行调整。

如图 4-1 所示,静态路由一般适用于结构简单的网络。在复杂网络环境中,一般会使用动态路由协议来生成动态路由。不过,即使是在复杂网络环境中,合理地配置一些静态路由也可以改进网络的性能。

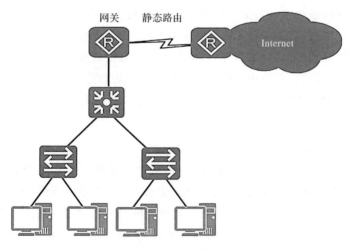

图 4-1   静态路由

静态路由可以应用在串行网络或以太网中,但静态路由在这两种网络中的配置有所不同。

(1)在串行网络中配置静态路由时,可以只指定下一跳地址或只指定出接口。如图 4-2 所示,华为 ARG3 系列路由器中,串行接口默认封装 PPP 协议,对于这种类型的接口,静态路由的下一跳地址就是与接口相连的对端接口的地址,所以在串行网络中配置静态路由时可以只配置出接口。

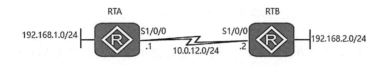

```
[RTB]ip route-static 192.168.1.0 255.255.255.0 10.0.12.1
[RTB]ip route-static 192.168.1.0 255.255.255.0 Serial 1/0/0
[RTB]ip route-static 192.168.1.0 24 Serial 1/0/0
```

图 4-2　串行型接口配置静态路由

(2)以太网是广播型网络,和串行网络情况不同。在以太网中配置静态路由,必须指定下一跳地址。在广播型的接口上配置静态路由时,必须明确指定下一跳地址。以太网中同一网络可能连接了多台路由器,如果在配置静态路由时只指定了出接口,则路由器无法将报文转发到正确的下一跳。

如图 4-3 所示,RTA 需要将数据转发到 192.168.2.0/24 网络,在配置静态路由时,需要明确指定下一跳地址为 10.0.123.2,否则 RTA 将无法将报文转发到 RTB 所连接的 192.168.2.0/24 网络,因为 RTA 不知道通过 RTB 还是 RTC 才能到达目的地。

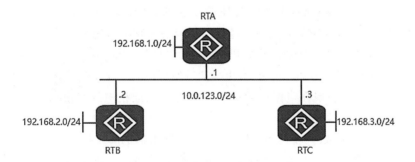

图 4-3　广播型接口配置静态路由

当源网络和目的网络之间存在多条链路时,可以通过等价路由来实现流量负载分担。这些等价路由具有相同的目的网络、掩码、优先级和度量值。

图 4-4 中,RTA 和 RTB 之间有两条链路相连,通过使用等价的静态路由来实现流量负载分担。

在 RTB 上配置了两条静态路由,它们具有相同的目的 IP 地址、子网掩码、优先级(都为 60)、路由开销(都为 0),但下一跳不同。在 RTB 需要转发数据给 RTA 时,就会使用这两条等价静态路由将数据进行负载分担。在 RTA 上也应该配置对应的两条等价的静态路由。

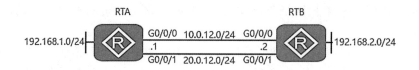

```
[RTB]ip route-static 192.168.1.0 255.255.255.0 10.0.12.1
[RTB]ip route-static 192.168.1.0 255.255.255.0 20.0.12.1
```

图 4-4   等价静态路由

缺省路由是一种特殊的静态路由,当报文没有在路由表中找到匹配的具体路由表项时才使用。如果报文的目的地址不能与路由表的任何目的地址相匹配,那么该报文将选取缺省路由进行转发。缺省路由在路由表中的形式为 0.0.0.0/0,缺省路由也被叫做默认路由。

3.动态路由

动态路由协议通过路由信息的交换生成并维护转发引擎需要的路由表。网络拓扑结构改变时自动更新路由表,并负责决定数据传输最佳路径。动态路由协议的优点是可以自动适应网络状态的变化,自动维护路由信息而无须网络管理员参与。其缺点为由于需要相互交换路由信息,要占用网络带宽和系统资源。另外安全性也不如静态路由。在有冗余连接的复杂网络环境中,适合采用动态路由协议。目的网络是否可达取决于网络状态。常见的动态路由协议有 OSPF、IS-IS、BGP 等。

4.2.2   路由表

每个路由器都有路由表,而路由表又分为本地核心路由表和协议路由表。路由表包含下列关键项。

(1)目的地址(destination):用来标识 IP 数据包的目的地址或目的网络。

(2)网络掩码(mask):在第 2 章中已经介绍了网络掩码的结构和作用。在路由表中网络掩码具有重要的意义。IP 地址和网络掩码进行逻辑"与"便可得到相应的网段信息。例如,目的地址为 8.0.0.0,掩码为 255.0.0.0,相"与"后便可得到一个 A 类的网段信息(8.0.0.0/8)。网络掩码的作用还表现在当路由表中有多条目的地址相同的路由信息时,路由器将选择掩码最长的一项作为匹配项。

(3)输出接口(interface):指明 IP 数据包将从该路由器的哪个接口转发出去。

(4)下一跳 IP 地址(nexthop):指明 IP 数据包所经的下一跳路由器的接口地址。

4.2.3   最长匹配原则

路由器查找转发信息表(forwarding information base,FIB 表)时,将报文的目的 IP 地址和 FIB 表中各表项的掩码进行按位逻辑"与",若得到的地址符合 FIB 表中的网络地址,则匹配。最终选择一个掩码最长的 FIB 表项转发报文。

路由器在转发数据时,需要选择路由表中的最优路由。当数据报文到达路由器时,路由器首先提取出报文的目的 IP 地址,然后查找路由表,将报文的目的 IP 地址与路由表中某表项的掩码字段做"与"操作,"与"操作后的结果跟路由表该表项的目的 IP 地址比较,相同则匹配,否则就不匹配。在与所有的路由表项都进行匹配后,路由器会选择一个掩码最长的匹配项。

如图 4-5 所示,路由表中有两个表项到达目的网段 10.1.1.0,下一跳地址都是 20.1.1.2。如果要将报文转发至网段 10.1.1.1,则 10.1.1.0/30 符合最长匹配原则。

```
[RTA]display ip routing-table
Destination/Mask Proto   Pre  Cost Flags NextHop    Interface
10.1.1.0/24      Static  60   0    RD    20.1.1.2   GigabitEthernet 0/0/0
10.1.1.0/30      Static  60   0    RD    20.1.1.2   GigabitEthernet 0/0/0
```

图 4-5 最长匹配原则

4.2.4 VLAN 间通信

VLAN 隔离了二层广播域,也严格地隔离了各个 VLAN 之间的二层流量,属于不同 VLAN 的用户之间不能进行二层通信,在二层交换机上配置 VLAN,每一个 VLAN 使用一条独占的物理链路连接到路由器的一个接口上。

如图 4-6 所示,不同 VLAN 之间的主机是无法实现二层通信的,所以必须通过三层路由才能将报文从一个 VLAN 转发到另外一个 VLAN。

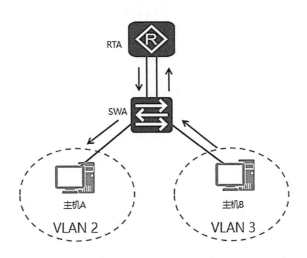

图 4-6 VLAN 二层隔离

解决 VLAN 间通信问题的第一种方法是在路由器上为每个 VLAN 分配一个单独的接口,并使用一条物理链路连接到二层交换机上。当 VLAN 间的主机需要通信时,数据会经由路由器进行三层路由,并转发到目的 VLAN 内的主机,这样就可以实现 VLAN 之间的相互通信。然而,随着每个交换机上 VLAN 数量的增加,这样做必然需要大量的路由器接口,而路由器的接口数量是极其有限的。并且,某些 VLAN 之间的主机可能不需要频繁进行通信,如果这样配置的话,会导致路由器的接口利用率很低。因此,实际应用中一般不会采用这种方案来解决 VLAN 间的通信问题。

解决 VLAN 间通信问题的第二种方法是在交换机和路由器之间仅使用一条物理链路连接,如图 4-7 所示。在交换机上,把连接到路由器的端口配置成 Trunk 类型的端口,并允许相关 VLAN 的帧通过。在路由器上需要创建子接口,逻辑上把连接路由器的物理链路分成多条。

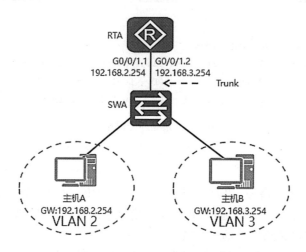

图 4-7   VLAN 间三层通信

一个子接口代表一条归属于某个 VLAN 的逻辑链路。配置子接口时,需要注意以下两点:

(1)必须为每个子接口分配一个 IP 地址。该 IP 地址与子接口所属 VLAN 位于同一网段。

(2)需要在子接口上配置 IEEE 802.1Q 封装,用来剥掉和添加 VLAN Tag,从而实现 VLAN 间互通。

在子接口上执行命令 arp broadcast enable 使能子接口的 ARP 广播功能。

【案例 4-1】单臂路由

1)需求

主机 A 发送数据给主机 B 时,RTA 会通过 G0/0/1.1 子接口收到此数据,然后查找路由表,将数据从 G0/0/1.2 子接口发送给主机 B,这样就实现了 VLAN2 和 VLAN3 之间的主机通信。

2)拓扑

图 4-8 为单臂路由拓扑图。interface GigabitEthernet0/0/1.1 表示在物理接口 GigabitEthernet0/0/1 内创建子接口 1 通道。

dot1q termination vid 命令用来配置子接口 dot1q 封装的单层 VLAN ID。缺省情况下,子接口不配置 dot1q 封装的单层 VLAN ID。本命令执行成功后,终结子接口对报文的处理如下:接收报文时,剥掉报文中携带的 Tag 后进行三层转发;转发出去的报文是否带 Tag 由出接口决定;发送报文时,将相应的 VLAN 信息添加到报文中再发送。

arp broadcast enable 命令用来使能终结子接口的 ARP 广播功能。缺省情况下,终结子

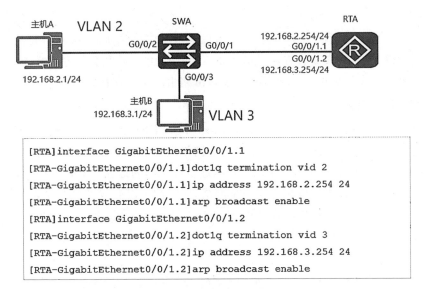

```
[RTA]interface GigabitEthernet0/0/1.1
[RTA-GigabitEthernet0/0/1.1]dot1q termination vid 2
[RTA-GigabitEthernet0/0/1.1]ip address 192.168.2.254 24
[RTA-GigabitEthernet0/0/1.1]arp broadcast enable
[RTA]interface GigabitEthernet0/0/1.2
[RTA-GigabitEthernet0/0/1.2]dot1q termination vid 3
[RTA-GigabitEthernet0/0/1.2]ip address 192.168.3.254 24
[RTA-GigabitEthernet0/0/1.2]arp broadcast enable
```

图 4-8　单臂路由拓扑图

接口没有使能 ARP 广播功能。终结子接口不能转发广播报文,在收到广播报文后它们直接把该报文丢弃。为了允许终结子接口转发广播报文,可以在子接口上执行此命令。

4.2.5　路由高级特性

1.路由递归

路由必须有直连的下一跳才能够指导转发,但是路由生成时下一跳可能不是直连的,因此需要计算出一个直连的下一跳和对应的出接口,这个过程就叫做路由递归。路由递归也被称为路由迭代。如图 4-9 所示,去往 30.1.2.0/24 的路由,下一跳为 20.1.1.3,非本地直连网络,如果路由表中没有去往 20.1.1.3 的路由,该静态路由将不会生效,无法作为有效路由条目,并不会出现在路由表中。添加一条去往 20.1.1.3 的路由,下一跳为直连网络内的 IP 地址 10.0.0.2。去往 30.1.2.0/24 的路由通过递归查询得到一个直连的下一跳,该路由因此生效。

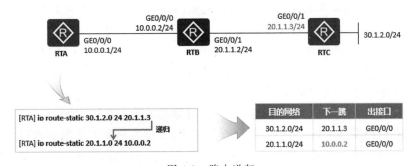

图 4-9　路由递归

2.等价路由

路由表中存在等价路由之后,前往该目的网段的 IP 报文路由器会通过所有有效的接口、下一跳转发,这种转发行为被称为负载分担。

3. 浮动路由

静态路由支持配置时手动指定优先级,可以通过配置目的地址/掩码相同、优先级不同、下一跳不同的静态路由,实现转发路径的备份。浮动路由是主用路由的备份,保证链路故障时提供备份路由。主用路由下一跳可达时该备份路由不会出现在路由表。

4. 无类别域间路由

无类别域间路由(classless inter-domain routing,CIDR)采用 IP 地址加掩码长度来标识网络和子网,而不是按照传统 A、B、C 等类型对网络地址进行划分。

CIDR 容许任意长度的掩码长度,将 IP 地址看成连续的地址空间,可以使用任意长度的前缀分配,多个连续的前缀可以聚合成一个网络,该特性可以有效减少路由表条目数量。如图 4-10 所示,192.168.12.0/22、192.168.10.0/23、192.168.9.0/21、192.168.14.0/23 经过汇总后合并为 192.168.8.0/21 网段。

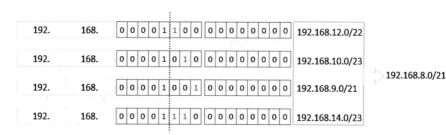

图 4-10　无类别域间路由

4.3　OSPF 基础

由于静态路由由网络管理员手动配置,因此当网络发生变化时,静态路由需要手动调整,这制约了静态路由在现网大规模的应用。

动态路由协议因其灵活性高、可靠性好、易于扩展等特点被广泛应用于现网。在动态路由协议之中,OSPF 协议是使用非常广泛的动态路由协议之一。

4.3.1　OSPF 简介

OSPF 是典型的链路状态路由协议,是目前业内使用非常广泛的内部网关协议(interior gateway protocol,IGP)之一。

目前针对 IPv4 协议使用的是 OSPF Version 2(RFC2328),针对 IPv6 协议使用的是 OSPF Version 3(RFC2740)。如无特殊说明,本章后续所指的 OSPF 均指 OSPF Version 2。

(1)运行 OSPF 路由器之间交互的是链路状态(link state,LS)信息,而不是直接交互路由。LS 信息是 OSPF 能够正常进行拓扑和路由计算的关键信息。

(2)OSPF 路由器将网络中的 LS 信息收集起来,存储在链路状态数据库(link state database,LSDB)中。路由器都清楚区域内的网络拓扑结构,这有助于路由器计算无环路径。

(3)每台 OSPF 路由器都采用最短通路优先(shortest path first,SPF)算法计算到达目的地的最短路径。路由器依据这些路径形成路由加载到路由表中。

(4)OSPF 支持可变长子网掩码(variable length subnet mask,VLSM),支持手动路由汇总。多区域的设计使得 OSPF 能够支持更大规模的网络。

1. 链路状态路由协议

与距离矢量路由协议不同,链路状态路由协议通告的是链路状态而不是路由信息。

2. OSPF 术语

1)区域

OSPF Area 用于标识一个 OSPF 的区域。如图 4-11 所示,区域是从逻辑上将设备划分为不同的组,每个组用区域号(Area ID)来标识。

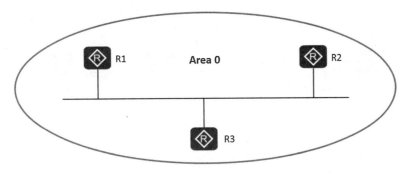

图 4-11　区域划分

2)Router ID

路由器标识符(router identifier,Router ID),用于在一个 OSPF 域中唯一地标识一台路由器。

如图 4-12 所示,Router ID 的设定可以手动配置完成,也可使用系统自动配置完成。

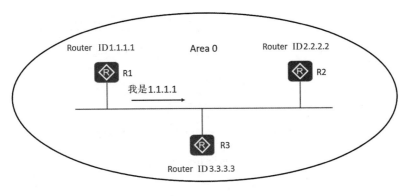

图 4-12　Router ID

在实际项目中,通常会通过手动配置方式为设备指定 OSPF Router ID。必须保证在 OSPF 域中任意两台设备的 Router ID 都不相同。通常的做法是将 Router ID 配置为与该设备某个接口(通常为 Loopback 接口)的 IP 地址一致。

3)度量值

OSPF 使用 Cost 值作为路由的度量值。每一个激活了 OSPF 的接口都会维护一个接口 Cost 值,缺省时接口 Cost 值 $=\dfrac{100\mathrm{Mbit/s}}{\text{接口带宽}}$。其中 100Mbit/s 为 OSPF 指定的缺省参考值,该值是可配置的。

如图 4-13 和图 4-14 所示，一条 OSPF 路由的 Cost 值可以理解为是从目的网段到本路由器沿途所有入接口的 Cost 值累加。

图 4-13 中，OSPF 不同接口因其带宽不同，有不同的 Cost 值。

图 4-14 中，在 R3 的路由表中，到达 1.1.1.0/24 的 OSPF 路由的 Cost 值＝10＋1＋64，即 75。

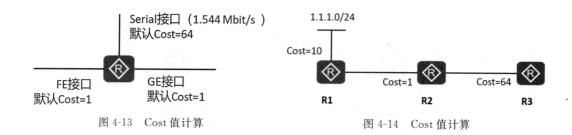

图 4-13   Cost 值计算   图 4-14   Cost 值计算

4.3.2   报文类型

OSPF 报文直接采用 IP 封装，在报文的 IP 首部中，协议号为 89。如图 4-15 所示，OSPF 一共定义了 5 种类型的报文，不同类型的 OSPF 报文有相同的首部格式。

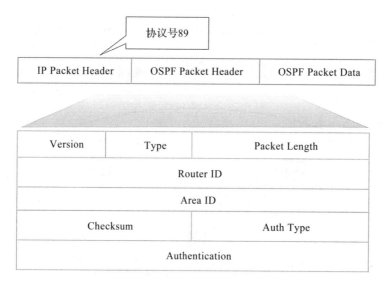

图 4-15   OSPF 报文首部格式

1.重要字段

（1）Version：对于当前所使用的 OSPF Version 2，该字段的值为 2。

（2）Router ID：表示生成此报文的路由器标识符。

（3）Area ID：表示此报文需要被通告的区域。

（4）Type：表示类型字段。

（5）Packet Length：表示整个 OSPF 报文的长度，单位是字节。

（6）Checksum：表示校验字段，其校验的范围是整个 OSPF 报文，包括 OSPF 报文首部。

（7）Auth Type：为 0 时表示不认证，为 1 时表示简单的明文密码认证，为 2 时表示加密（MD5）认证。

（8）Authentication：表示认证所需的信息。该字段的内容随 AuType 值的不同而不同。

2．报文类型

（1）Hello：周期性发送，用来发现和维护 OSPF 邻居关系。

（2）DD(database description，数据库描述)：描述本地 LSDB 的摘要信息，用于两台设备进行数据库同步。

（3）LSR(link state request，链路状态请求)：用于向对方请求所需要的 LSA(link state advertisement，链路状态通告)。设备只有在 OSPF 邻居双方成功交换 DD 报文后才会向对方发出 LSR 报文。

（4）LSU(link state update，链路状态更新)：用于向对方发送其所需要的 LSA。

（5）LS ACK(link state acknowledge，链路状态确认)：用于对收到的 LSA 进行确认。

4.3.3　邻居状态机

邻居和邻接关系建立的过程如图 4-16 所示。

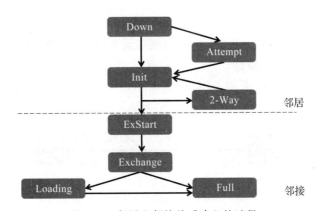

图 4-16　邻居和邻接关系建立的过程

（1）Down：是邻居的初始状态，表示没有从邻居收到任何信息。

（2）Attempt：此状态只在 NBMA(non-broadcast multiple access，非广播式多路访问)网络上存在，表示没有收到邻居的任何信息，但是已经周期性地向邻居发送报文，发送间隔为 Hello Interval。如果 Router Dead Interval 间隔内未收到邻居的 Hello 报文，则转为 Down 状态。

（3）Init：在此状态下，路由器已经从邻居处收到了 Hello 报文，但是自己不在所收到的 Hello 报文的邻居列表中，尚未与邻居建立双向通信关系。

（4）2-Way：在此状态下，双向通信已经建立，但是没有与邻居建立邻接关系。这是建立邻接关系以前的最高级状态。

（5）ExStart：这是形成邻接关系的第一个步骤，邻居状态变成此状态以后，路由器开始向邻居发送 DD 报文。主从关系是在此状态下形成的，初始 DD 序列号也是在此状态下决定的。在此状态下发送的 DD 报文不包含链路状态描述。

（6）Exchange：此状态下路由器相互发送包含链路状态信息摘要的 DD 报文，描述本地 LSDB 的内容。

（7）Loading：相互发送 LSR 报文请求 LSA，发送 LSU 报文通告 LSA。

（8）Full：路由器的 LSDB 已经同步。

4.3.4   OSPF 网络类型

在学习 DR（designated router，指定路由器）和 BDR（backup designated router，备份指定路由器）的概念之前，首先需要了解 OSPF 的网络类型。OSPF 网络类型是一个非常重要的接口变量，这个变量将影响 OSPF 在接口上的操作，例如采用什么方式发送 OSPF 协议报文，是否需要选举 DR、BDR 等。接口默认的 OSPF 网络类型取决于接口所使用的数据链路层封装。

OSPF 有四种网络类型，即 P2P（point to point，点对点）、BMA（broadcast multiple access，广播式多路访问）、NBMA、P2MP（point to multipoint，点到多点）。

一般情况下，链路两端的 OSPF 接口网络类型必须一致，否则双方无法建立邻居关系。

OSPF 网络类型可以在接口下通过命令手动修改以适应不同网络场景，例如可以将 BMA 网络类型修改为 P2P。

1.P2P

P2P 指的是在一段链路上只能连接两台网络设备的环境，典型的例子是 PPP（point to point protocol，点对点协议）链路。

如图 4-17 所示，当接口采用 PPP 封装时，OSPF 在该接口上采用的缺省网络类型为 P2P。

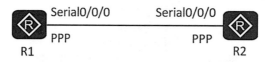

图 4-17   P2P 网络类型

2.BMA

BMA 也被称为 Broadcast，指的是允许多台设备接入、支持广播的环境。

如图 4-18 所示，典型的例子是以太网。当接口采用以太网封装时，OSPF 在该接口上采用的缺省网络类型为 BMA。

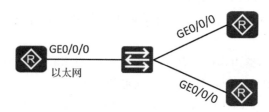

图 4-18   BMA 网络类型

3.NBMA

NBMA 指的是允许多台网络设备接入且不支持广播的环境。如图 4-19 所示，典型的例子是帧中继(frame relay)网络。

图 4-19 NBMA 网络类型

4．P2MP

如图 4-20 所示，P2MP 相当于将多条 P2P 链路的一端进行捆绑得到的网络，没有一种链路层协议会被缺省地认为是 P2MP 网络类型。该类型必须由其他网络类型手动更改。常用方法是将非全连通的 NBMA 改为 P2MP 网络。

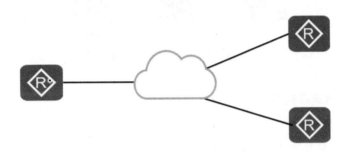

图 4-20 P2MP 网络类型

4.3.5 DR 与 BDR

1．DR 与 BDR 的背景

MA(multiaccess，多路访问)网络有两种类型：BMA 网络和 NBMA 网络。以太网是一种典型的 BMA 网络。

在 MA 网络中，如果每台 OSPF 路由器都与其他的所有路由器建立 OSPF 邻接关系，便会导致网络中存在过多的 OSPF 邻接关系，增加设备负担，也增加了网络中泛洪的 OSPF 报文数量。如图 4-21 所示，当拓扑出现变更时，网络中的 LSA 泛洪可能会造成带宽的浪费和设备资源的损耗。

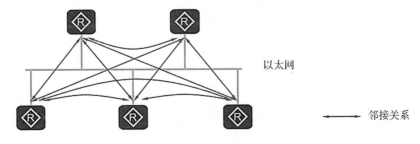

图 4-21 DR 与 BDR 背景

2. DR 与 BDR 的作用

如图 4-22 所示，DR 负责在 MA 网络建立和维护邻接关系并负责 LSA 的同步。DR 与其他所有路由器形成邻接关系并交换链路状态信息，其他路由器之间不直接交换链路状态信息。

为了规避单点故障风险，通过选举 BDR，在 DR 失效时快速接管 DR 的工作。

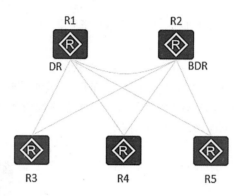

图 4-22　DR 与 BDR 的邻接关系

3. DR 与 BDR 的选举规则

DR 与 BDR 的选举过程如图 4-23 所示。

（1）DR 与 BDR 的选举是非抢占式的。

（2）DR 与 BDR 的选举是基于接口的。接口的 DR 优先级值越大越优先；接口的 DR 优先级相等时，Router ID 越大越优先。

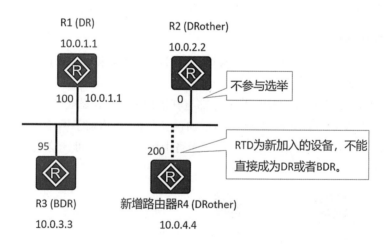

图 4-23　DR 与 BDR 的选举过程

4. 不同网络类型中 DR 与 BDR 的选举操作

不同网络类型中的邻接关系如表 4-1 所示。

表 4-1 不同网络类型中的邻接关系

OSPF 网络类型	常见链路层协议	是否选举 DR	是否和邻居建立邻接关系
P2P	PPP 链路、HDLC 链路	否	是
BMA	以太网链路	是	DR 与 BDR、DROther 建立邻接关系 BDR 与 DR、DROther 建立邻接关系 DROther 之间只建立邻居关系
NBMA	帧中继链路		
P2MP	需手动指定	否	是

5.按需调整设备接口的 OSPF 网络类型

在接口配置视图中使用 ospf network { p2p | p2mp | broadcast | nbma }即可修改该接口的网络类型。

4.3.6 OSPF 工作原理

OSPF 工作有四个步骤:第一步是建立相邻路由器之间的邻居关系;第二步是邻居之间交互链路状态信息和同步 LSDB;第三步是进行优选路径计算;第四步是根据最短路径树生成路由表项并加载到路由表。

1.初识 OSPF 邻接关系建立过程

OSPF 邻接关系的建立有四个步骤,即建立邻居关系、协商主/从、同步 LSDB 信息、更新 LSA 并同步 LSDB,如图 4-24 所示,过程 1 至 4 由双方交互,过程 5 独立完成。

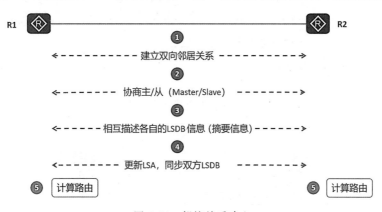

图 4-24 邻接关系建立

2.OSPF 邻接关系建立流程 1

如图 4-25 所示,OSPF 建立邻居关系。

3.OSPF 邻接关系建立流程 2 和 3

如图 4-26 所示,双方交互 DD 报文,选举主从,同步 LSDB 信息。

4.OSPF 邻接关系建立流程 4

如图 4-27 所示,R1 发送 LSR 报文请求特定的 LSA 信息,R2 收到后回复 LSU 报文,包含 R1 请求的 LSA 信息,之后 R1 发送 LS ACK 报文进行确认。最终建立邻接关系。

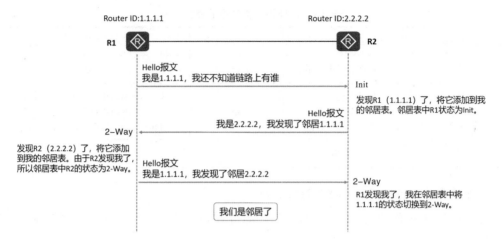

图 4-25　邻接关系建立流程 1

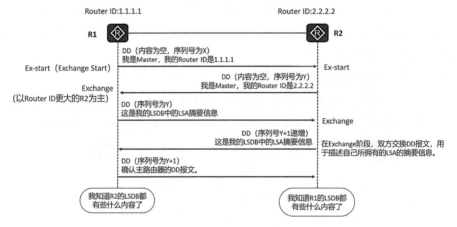

图 4-26　邻接关系建立流程 2 和 3

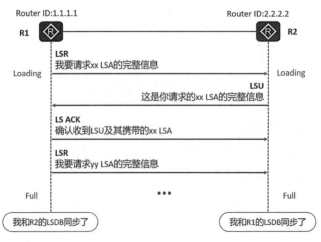

图 4-27　邻接关系建立流程 4

4.4　OSPF 区域划分

4.4.1　骨干区域

OSPF 支持将一组网段组合在一起,这样的一个组合称为一个区域,划分 OSPF 区域可以缩小路由器的 LSDB 规模、减少网络流量。Area 0 为骨干区域,为了避免区域间路由环路,非骨干区域之间不允许直接互相发布路由信息。因此,每个区域都必须连接到骨干区域。

如图 4-28 所示,运行在区域之间的路由器叫做区域边界路由器(area boundary router,ABR),它包含所有相连区域的 LSDB。自治系统边界路由器(autonomous system boundary router,ASBR)是指和其他自治系统(autonomous system,AS)中的路由器交换路由信息的路由器,这种路由器会向整个 AS 通告 AS 外部路由信息。在规模较小的企业网络中,可以把所有的路由器划分到同一个区域中,同一个 OSPF 区域中的路由器的 LSDB 是完全一致的。OSPF 区域号可以手动配置,为了便于将来的网络扩展,推荐将该区域号设置为 0,即骨干区域。

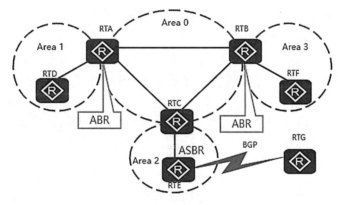

图 4-28　路由器角色

4.4.2　标准区域

1.域内路由计算

链路状态类型、链路状态 ID、通告路由器三元组唯一地标识了一个 LSA,LSA 是 OSPF 进行路由计算的关键依据。如图 4-29 所示,OSPF 的 LSU 报文可以携带多种不同类型的 LSA,各种类型的 LSA 拥有相同的报文头部。重要字段解释如下:

LS Age(链路状态老化时间):表示 LSA 已经生存的时间,单位是秒。

Options(可选项):表示每一个位对应 OSPF 所支持的某种特性。

LS Type(链路状态类型):表示本 LSA 的类型。

Link State ID(链路状态 ID,Ls id):不同的 LSA,对该字段的定义不同。

Advertising Router(通告路由器,Adv rtr):产生该 LSA 的路由器的 Router ID。

LS Sequence Number(链路状态序列号):当 LSA 每次有新的实例产生时,序列号就会增加。

LS Checksum(校验和):用于保证数据的完整性和准确性。

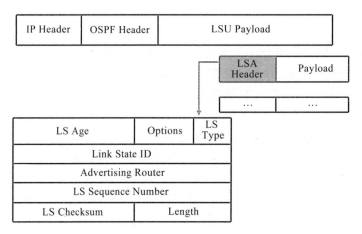

图 4-29　OSPF 报文头部

1)Router LSA

Router LSA(1 类 LSA):每台 OSPF 路由器都会产生。它描述了该路由器直连接口的信息,Router LSA 只能在所属的区域内泛洪。如图 4-30 所示,Router LSA 使用 Link 来承载路由器直连接口的信息,每条链路均包含"链路类型"、"链路 ID"、"链路数据"以及"度量值"这几个关键信息,路由器可能会采用一个或者多个链路来描述某个接口。

LS Age		Options		LS Type
Link State ID				
Advertising Router				
LS Sequence Number				
LS Checksum			Length	
0	V E B	0		#Links
Link ID				
Link Data				
Link Type	#TOS		Metric	
...				

Link Type（链路类型）	Link ID（链路ID）	Link Data（链路数据）
P2P：描述一个从本路由器到邻居路由器之间的点到点链路，属于拓扑信息	邻居路由器的 Router ID	宣告该Router LSA的路由器接口的IP地址
TransNet：描述一个从本路由器到一个Transit网段（例如MA或者NBMA网段）的连接，属于拓扑信息	DR的接口IP地址	宣告该Router LSA的路由器接口的IP地址
StubNet：描述一个从本路由器到一个Stub网段（例如Loopback接口）的连接，属于网段信息	宣告该Router LSA的路由器接口的网络IP地址	该Stub网络的网络掩码

图 4-30　1 类 LSA 类型

2)Network LSA

Network LSA(2 类 LSA):由 DR 产生,描述本网段的链路状态,在所属的区域内传播。如图 4-31 所示,Network LSA 记录了该网段内所有与 DR 建立了邻接关系的 OSPF 路由器,同时携带了该网段的网络掩码。重要字段解释如下:

Link State ID:表示 DR 的接口 IP 地址。

Network Mask:表示 MA 网络的子网掩码。

Attached Router:表示连接到该 MA 网络的路由器的 Router ID(与该 DR 建立了邻接关系的邻居的 Router ID,以及 DR 自己的 Router ID),如果有多台路由器接入该 MA 网络,则使用多个字段描述。

如图 4-32 所示,R2 向 R3 和 R5 发送 Network LSA。如图 4-33 所示,Ls id:10.0.235.2 和

Net mask:255.255.255.0 计算出 R2、R3、R5 三台路由器在 10.0.235.0/24 网段,R2 和 R3、R5 在一个 MA 网络中。

LS Age		Options	LS Type
Link State ID			
Advertising Router			
LS Sequence Number			
LS Checksum		Length	
Network Mask			
Attached Router			
...			

图 4-31　2 类 LSA 重要字段

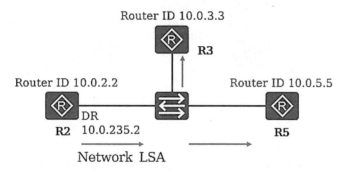

图 4-32　2 类 LSA 的产生场景

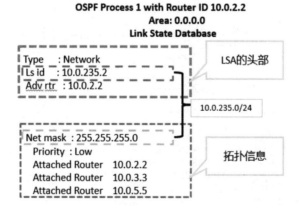

图 4-33　2 类 LSA 信息

3)SPF 算法

(1)构建 SPF 树。

如图 4-34 所示,路由器将自己作为最短路径树的树根,根据 Router LSA 和 Network-

LSA 中的拓扑信息,依次将 Cost 值最小的路由器添加到 SPF 树中。路由器以 Router ID 或者 DR 标识。广播网络中 DR 和其所连接路由器的 Cost 值为 0。SPF 树中只有单向的最短路径,保证了 OSPF 区域内路由计算不出现环路。

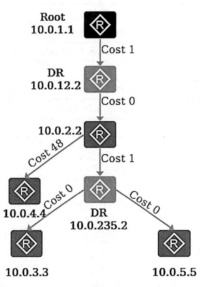

图 4-34　构建 SPF 树

(2)计算最优路由。

如图 4-35 所示,将 Router LSA、Networ LSA 中的路由信息以叶子节点形式附加在对应的 OSPF 路由器上,计算最优路由。已经出现的路由信息不会再添加到 SPF 树干上。

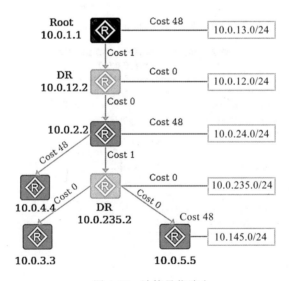

图 4-35　计算最优路由

2.域间路由计算

当网络规模越来越大时,LSDB 将变得非常臃肿,设备基于该 LSDB 进行路由计算,其负担也极大地增加了。此外路由器的路由表规模也变大了，这些无疑都将加大路由器的性能损耗。当网络拓扑发生变更时，这些变更需要被扩散到整个网络，并可能引发整网的路由重计算、单区域的设计，使得 OSPF 无法部署路由汇总。

如图 4-36 所示，Router LSA 和 Network LSA 只在区域内泛洪，因此利用区域划分在一定程度上降低了网络设备的内存和 CPU 的消耗，划分区域后，路由器可以分为两种角色。

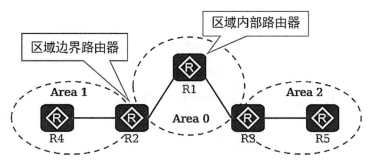

图 4-36　路由器的两种角色

（1）区域内部路由器（internal router，IR）：该类设备的所有接口都属于同一个 OSPF 区域，如 R1、R4、R5。

（2）区域边界路由器（area border router，ABR）：该类设备接口分别连接两个及两个以上的不同区域，如 R2、R3。

OSPF 区域间路由信息传递是通过 ABR 产生的 Network Summary LSA（3 类 LSA）实现的。

如图 4-37 所示，以 192.168.1.0/24 路由信息为例。

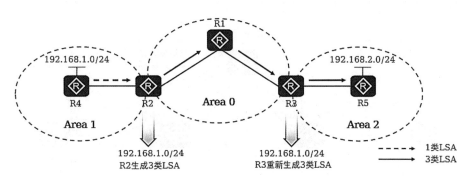

图 4-37　域间路由计算

R2 依据 Area 1 内所泛洪的 Router LSA 和 Network LSA 计算得出 192.168.1.0/24 路由（区域内路由），并将该路由通过 Network Summary LSA 通告到 Area 0。R3 根据该 LSA 可计算出到达 192.168.1.0/24 的区域间路由。

R3 重新生成一份 Network Summary LSA 通告到 Area 2 中，至此所有 OSPF 区域都能学习到去往 192.168.1.0/24 的路由。

Network Summary LSA（3 类 LSA）由 ABR 产生，用于向一个区域通告到达另一个区域的路由。图 4-38 为 Network Summary LSA（3 类 LSA）报文字段。重要字段解释如下：

LS Type：取值 3，表示 Network Summary LSA。

Link State ID：表示路由的目的网络地址。

Advertising Router：生成 LSA 的 Router ID。

Network Mask：表示路由的网络掩码。

Metric：表示到目的地址的路由开销。

LS Age		Options	LS Type
Link State ID			
Advertising Router			
LS Sequence Number			
LS Checksum			Length
Network Mask			
0		Metric	
…			

图 4-38　3 类 LSA 报文字段

4.4.3　特殊区域

1. Stub 区域和 Totally Stub 区域

OSPF 路由器计算区域内、区域间、外部路由都需要依靠网络中的 LSA，当网络规模变大时，设备的 LSDB 规模也变大，设备的路由计算变得更加吃力，造成设备性能浪费。因此划分出两种类型的区域，如图 4-39 所示。

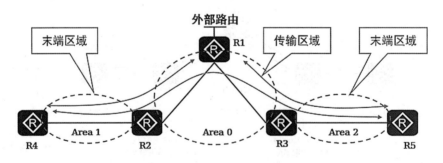

图 4-39　传输区域与末端区域

传输区域（transit area）：除了承载本区域发起的流量和访问本区域的流量外，还承载了源 IP 和目的 IP 都不属于本区域的流量，即"穿越型流量"，如本例中的 Area 0。

末端区域（stub area）：只承载本区域发起的流量和访问本区域的流量，如本例中的 Area 1 和 Area 2。

1）Stub 区域

Stub 区域的 ABR 不向 Stub 区域内传播它接收到的 AS 外部路由，Stub 区域中路由器的 LSDB、路由表规模都会大大减小，为保证 Stub 区域能够到达 AS 外部，Stub 区域的 ABR

将生成一条缺省路由(使用 3 类 LSA 描述)。

如图 4-40 所示,R1 作为 ASBR 引入多个外部网段,如果 Area 2 是普通区域,则 R3 将向该区域注入 5 类和 4 类 LSA。

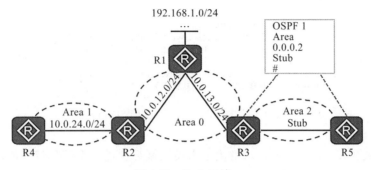

图 4-40　Stub 区域

如图 4-41 所示,当把 Area 2 配置为 Stub 区域后,R3 不会将 5 类 LSA 和 4 类 LSA 注入 Area 2。

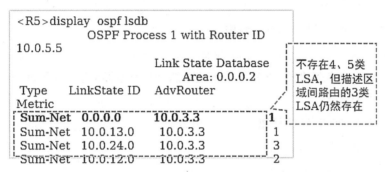

图 4-41　Stub 区域的 LSDB 信息

R3 向 Area 2 发送用于描述缺省路由的 3 类 LSA,Area 2 内的路由器虽然不知道到达 AS 外部的具体路由,但是可以通过该默认路由到达 AS 外部。

2)Totally Stub 区域

如图 4-42 所示,Totally Stub 区域既不允许 AS 外部路由在本区域内传播,也不允许区域间路由在本区域内传播,Totally Stub 区域内的路由器通过本区域 ABR 下发的缺省路由(使用 3 类 LSA 描述)到达其他区域和 AS 外部。

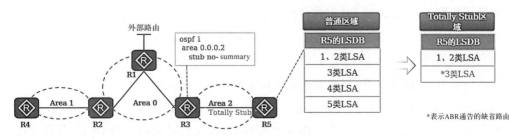

图 4-42　Totally Stub 区域

如图 4-43 所示，Totally Stub 区域访问其他区域和 AS 外部是通过默认路由实现的，AS 外部、其他 OSPF 区域的拓扑及路由变化不会导致 Totally Stub 区域内的路由器进行路由重计算，减少了设备性能浪费。

```
<R5>display ospf lsdb
            OSPF Process 1 with Router ID 10.0.5.5
                   Link State Database
                       Area: 0.0.0.2
Type      LinkState ID    AdvRouter          Metric
Sum-Net   0.0.0.0         10.0.3.3           1
```

图 4-43　Totally Stub 区域中 LSDB 信息

Stub 区域和 Totally Stub 区域解决了末端区域维护过大 LSDB 带来的问题，但对于某些特定场景，它们并不是最佳解决方案。

4.5　OSPF 基础配置

4.5.1　配置命令介绍

1.启动 OSPF 进程，进入 OSPF 视图

［Huawei］ospf［ process-id | Router ID Router ID ］

路由器支持 OSPF 多进程，进程号是本地概念，两台使用不同 OSPF 进程号的设备之间也能够建立邻接关系。

2.创建并进入 OSPF 区域视图

［Huawei-ospf-1］area area-id

3.在 OSPF 区域中使能 OSPF

［Huawei-ospf-1-area-0.0.0.0］network network-address wildcard-mask

执行该命令配置区域所包含的网段。设备的接口 IP 地址掩码长度大于等于 Network 命令指定的掩码长度，且接口的主 IP 地址必须在 Network 命令指定的网段范围内，此时该接口才会在相应的区域内激活 OSPF。

4.接口视图下使能 OSPF

［Huawei-GigabitEthernet1/0/0］ospf enable process-id area area-id

OSPF Enable 命令用于在接口上使能 OSPF，优先级高于 Network 命令。

5.接口视图下，设置选举 DR 时的优先

［Huawei-GigabitEthernet1/0/0］ospf dr-priority priority

缺省情况下，优先级为 1。

6.接口视图下，设置 Hello 报文发送的时间间隔

［Huawei-GigabitEthernet1/0/0］ospf timer Hello interval

缺省情况下，P2P、Broadcast 类型接口发送 Hello 报文的时间间隔为 10 秒，且同一接口上邻居失效时间是 Hello 间隔时间的 4 倍。

7. 接口视图下,设置网络类型

［Huawei-GigabitEthernet1/0/0］ospf network-type ｛ broadcast ｜ nbma ｜ p2mp ｜ p2p ｝

缺省情况下,接口的网络类型根据物理接口而定。以太网接口的网络类型为广播,串口和 POS 口［封装 PPP 协议或 HDLC(high-level data link control,高级数据链路控制)协议时］网络类型为 P2P。

【案例 4-2】OSPF 配置

1)需求

有三台路由器 R1、R2 和 R3,其中 R1 和 R3 分别连接网络 1.1.1.1/32 和 3.3.3.3/32 (LoopBack0 模拟),现需要使用 OSPF 实现这两个网络的互通。

2)实验拓扑图

实验拓扑图如图 4-44 所示。

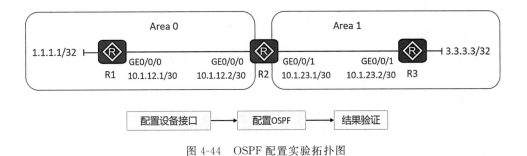

图 4-44　OSPF 配置实验拓扑图

3)配置思路

配置思路包括配置设备接口、配置 OSPF 和验证结果。

4)详细步骤

(1)配置接口。

根据规划配置 R1、R2 和 R3 接口 IP 地址。

①配置 R1 的接口。

［R1］interface Loopback 0

［R1-Loopback0］ip address 1.1.1.1 32

［R1］interface GigabitEthernet0/0/0

［R1-GigabitEthernet0/0/0］ip address 10.1.12.1 255.255.255.252

②配置 R2 的接口。

［R2］interface Loopback 0

［R2-Loopback0］ip address 2.2.2.2 32

［R2］interface GigabitEthernet0/0/0

［R2-GigabitEthernet0/0/0］ip address 10.1.12.2 255.255.255.252

［R2-GigabitEthernet0/0/0］GigabitEthernet0/0/1

［R2-GigabitEthernet0/0/0］ip address 10.1.23.2 255.255.255.252

③配置 R3 的接口。

[R3]interface Loopback 0

[R3-Loopback0]ip address 3.3.3.3 32

[R3-Loopback0] interface G0/0/1

[R3-GigabitEthernet0/0/0]ip address 10.1.23.3 255.255.255.252

(2)配置 OSPF(1)。

①OSPF 参数规划:OSPF 进程号为 1。R1、R2 和 R3 的 Router ID 分别为 1.1.1.1、2.2.2.2 和 3.3.3.3。

②配置步骤:创建并运行 OSPF 进程→创建并进入 OSPF 区域→指定运行 OSPF 的接口。

[R1]ospf 1 router-id 1.1.1.1

[R1-ospf-1]area 0

[R1-ospf-1-area-0.0.0.0]network 1.1.1.1 0.0.0.0

[R1-ospf-1-area-0.0.0.0]network 10.1.12.0 0.0.0.3(注意反掩码)

(3)配置 OSPF(2)。

OSPF 多区域的配置应注意在指定区域下通知相应的网段。

[R2]ospf 1 router-id 2.2.2.2

[R2-ospf-1]area 0

[R2-ospf-1-area-0.0.0.0]network 10.1.12.0 0.0.0.3

[R2-ospf-1-area-0.0.0.0]area 1

[R2-ospf-1-area-0.0.0.0]network 10.1.23.0 0.0.0.3(注意反掩码)

[R3]ospf 1 router-id 3.3.3.3

[R3-ospf-1]area 1

[R3-ospf-1-area-0.0.0.0]network 3.3.3.3 0.0.0.0

[R3-ospf-1-area-0.0.0.0]network 10.1.23.0 0.0.0.3(注意反掩码)

4)进程 1 结果验证

R2:display ospf peer brief//在路由器 R2 上查看 OSPF 邻居表。

结果如图 4-45 所示,邻居状态都为 Full。

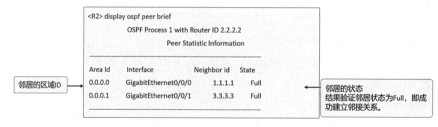

图 4-45   OSPF 邻接关系建立

5)进程 2 结果验证

在路由器 R1 上查看路由表,并执行从源 1.1.1.1 Ping 3.3.3.3。结果如图 4-46 所示,R1 可以 Ping 通 R3。

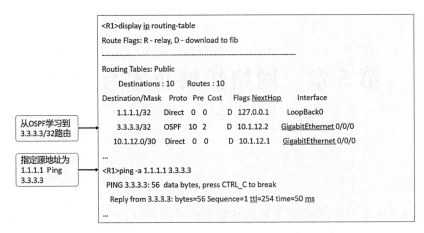

图 4-46　测试结果

小　结

本章介绍了路由的基本概念、路由分类、路由如何指导路由器对 IP 报文进行转发、常见的路由属性等内容。此外,本章展现了一些路由转发的高级特性,包括路由递归、浮动路由、等价路由,这些都在现网中有着广泛的应用。还介绍了 OSPF 路由协议的概念、报文的种类、OSPF 的工作原理、OSPF 的特殊区域以及 OSPF 的路由计算等。

思考与练习

缺省情况下,哪些链路类型组成的网络是 MA 网络呢?

自我检测

1. 在建立 OSPF 邻居和邻接关系的过程中,稳定的状态是(　　)。

A. Exstart

B. 2-Way

C. Exchange

D. Full

2. 以下哪些情况路由器之间会建立邻接关系?(　　)

A. 点到点链路上的两台路由器

B. 广播型网络中的 DR 和 BDR

C. NBMA 网络中的 DROther 和 DROther

D. 广播型网络中的 BDR 和 DROther

第 5 章 网络扩展技术与应用

【本章导读】

随着网络的飞速发展,网络安全和网络服务质量问题日益突出。访问控制列表(access control list,ACL)是与其紧密相关的一项技术。同时有限的 IPv4 公网地址已成为制约网络发展的瓶颈。企业内部通常使用私网 IP 地址,互联网通常使用公网 IP 地址。采用网络地址转换(network address translation,NAT)技术可以缓解 IPv4 地址短缺的问题,提升内网的安全性。本章将介绍 ACL、DHCP(dynamic host configuration protocol,动态主机配置协议)、NAT。

【学习目标】

1.熟悉 ACL、NAT、DHCP 的概念、作用。

2.熟悉 ACL、NAT、DHCP 的工作原理。

3.熟悉并掌握 ACL、NAT、DHCP 的配置方式。

5.1 ACL 原理与配置

5.1.1 ACL 概述

1.ACL 的定义

ACL 是一种对经过路由器的数据流进行判断、分类和过滤的方法。随着网络规模和网络中流量的不断扩大,网络管理员面临一个问题:如何在保证合法访问的同时,拒绝非法访问? 这就需要对路由器转发的数据包做出区分,哪些是合法的流量,哪些是非法的流量,通过这种区分来对数据包进行过滤并达到有效控制的目的。这种包过滤技术是在路由器上实现防火墙的一种主要方式,而包过滤技术的核心内容就是使用访问控制列表。

常见的 ACL 应用是将 ACL 应用到设备出入网络接口上,其主要作用是根据数据包与数据段的特征来进行判断,决定是否允许数据包通过路由器转发,其主要目的是对数据流量进行管理和控制。我们还常使用 ACL 实现策略路由和特殊流量的控制。在一个 ACL 中可以有一条或多条特定类型的 IP 数据包的规则。ACL 可以简单到只有一条规则,也可以复杂到有很多规则。通过多条规则来定义与规则中相匹配的数据分组。ACL 作为一个通用的数据流量的判别标准还可以和其他技术配合,应用在不同的场合,如防火墙、QoS 与队列技术、策略路由、数据速率限制、路由策略、NAT 等。

2. ACL 的组成

ACL 由若干条 permit 或 deny 语句组成。每条语句就是该 ACL 的一条规则,每条语句中的 permit 或 deny 就是与这条规则相对应的处理动作,如图 5-1 所示。

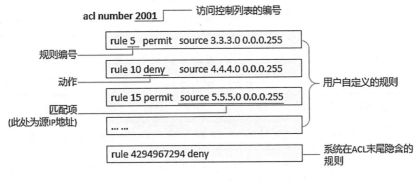

图 5-1　ACL 的组成

1)ACL 编号

在网络设备上配置 ACL 时,每个 ACL 都要有一个编号,称为 ACL 编号,用来标识 ACL。不同分类的 ACL 编号范围不同。

2)规则

一个 ACL 通常由若干条 permit 或 deny 语句组成,每条语句就是该 ACL 的一条规则。

3)规则编号

每条规则都有一个相应的编号,称为规则编号,用来标识 ACL 规则,可以自定义,也可以系统自动分配。ACL 规则的编号范围是 0~4294967294,所有规则均按照规则编号从小到大进行排序。

4)动作

每条规则中的 permit 或 deny,就是与这条规则相对应的处理动作。permit 指"允许",deny 指"拒绝",但是 ACL 一般是结合其他技术使用的,不同的场景,处理动作的含义也有所不同。比如,ACL 如果与流量过滤技术结合使用(即流量过滤中调用 ACL),permit 就是允许通行的意思,deny 就是拒绝通行的意思。

5)匹配项

ACL 定义了极其丰富的匹配项。除了图 5-1 中体现的源地址,ACL 还支持很多其他规则匹配项。例如,二层以太网帧头信息(如源 MAC、目的 MAC、以太帧协议类型)、三层报文信息(如目的地址、协议类型)以及四层报文信息(如 TCP/UDP 端口号)等。

系统自动为 ACL 规则分配编号时,每个相邻规则编号之间会有一个差值,这个差值称为"步长"。缺省步长为 5,所以规则编号就是 5,10,15……。

如果手动指定了一条规则,但未指定规则编号,系统就会使用大于当前 ACL 内最大规则编号且是步长整数倍的最小整数作为规则编号。步长可以调整,如果将步长改为 2,则系统会自动从当前步长值开始重新排列规则编号,规则编号就变成 2,4,6,……。

3. ACL 的分类

根据 ACL 所具备的特性,可将 ACL 分成不同的类型,分别是基本 ACL、高级 ACL、二层 ACL、用户自定义 ACL 和用户 ACL,其中应用较为广泛的是基本 ACL 和高级 ACL;基于 ACL 标识方法的划分,还可分为数字型 ACL 和命名型 ACL。在网络设备上配置 ACL 时,每一个 ACL 都要有一个编号,称为 ACL 编号。基本 ACL、高级 ACL、二层 ACL、用户自定义 ACL 和用户 ACL 的编号范围分别为 2000~2999、3000~3999、4000~4999、5000~5999、6000~6999。基于 ACL 规则定义方式的分类如表 5-1 所示。

表 5-1   ACL 分类

分类	编号范围	规则定义描述
基本 ACL	2000~2999	仅使用报文的源 IP 地址、分片信息和生效时间段信息来定义规则
高级 ACL	3000~3999	可使用 IPv4 报文的源 IP 地址、目的 IP 地址、IP 协议类型、ICMP 类型、TCP 源/目的端口号、UDP 源/目的端口号、生效时间段等来定义规则
二层 ACL	4000~4999	使用报文的以太网帧头信息来定义规则,如源 MAC 地址、目的 MAC 地址、二层协议类型等
用户自定义 ACL	5000~5999	使用报文头、偏移位置、字符串掩码和用户自定义字符串来定义规则
用户 ACL	6000~6999	既可使用 IPv4 报文的源 IP 地址或源 UCL(user control list,用户控制列表)组,也可使用目的 IP 地址或目的 UCL 组、IP 协议类型、ICMP 类型、TCP 源端口/目的端口、UDP 源端口号/目的端口号等来定义规则

基本 ACL 只能基于 IP 报文的源 IP 地址、分片信息和生效时间段信息来定义规则。比如创建的是 ACL 2000,就意味着创建的是基本 ACL。

高级 ACL 可以根据 IP 报文中的源 IP 地址、目的 IP 地址、协议类型、TCP 或 UDP 的源目端口号等元素进行匹配,可以理解为基本 ACL 是高级 ACL 的一个子集,高级 ACL 可以定义出比基本 ACL 更精确、更复杂、更灵活的规则。比如创建的是 ACL 3000,就意味着创建的是 ACL。

5.1.2   ACL 工作原理

1. 通配符

通配符是一个 32 位长度的数值,用于指示 IP 地址中,哪些位须严格匹配,哪些位无须匹配。通配符通常采用类似于网络掩码的点分十进制形式表示,但是含义与网络掩码完全不同。通配符换算成二进制后,通配符中为 0 的位代表被检测的数据包中的地址位必须与前面的 IP 地址相应位一致,才被认为满足匹配条件。而通配符中为 1 的位代表被检测的数据包中的地址位无论是否与前面的 IP 地址相应位一致,都认为满足匹配条件。通配符的作用如图 5-2 所示,匹配 192.168.10.1/24 对应网段的地址。

通配符掩码中,0 表示比较的位,1 表示忽略的位。而在 IP 子网掩码中,数字 1、0 用来决定网络、子网,还是相应的主机的 IP 地址。例如 172.16.0.0/16 这个网段,使用的子网掩码为 255.255.0.0。通配符掩码中,可以用 255.255.255.255 表示所有 IP 地址,因为全为 1 说明 32 位中所有位都不需检查,此时可用 any 替代。而 0.0.0.0 的通配符则表示所有 32

图 5-2 通配符的作用

位都必须要进行匹配,它只表示一个 IP 地址,可以用 host 表示。

用通配符指定特定地址范围 172.30.16.0/24 到 172.30.31.0/24,通配符应设置成 0.0.15.255,如图 5-3 所示。

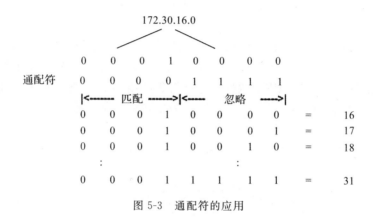

图 5-3 通配符的应用

2. ACL 的匹配位置

创建好的 ACL 要在接口进行绑定,并且要指明方向。方向是站在路由器的角度,如图 5-4 所示,从接口进入路由器就是入方向,需应用在入站(inbound)方向;从接口离开路由器就是出方向,需应用在出站(outbound)方向。

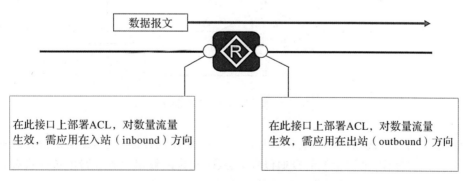

图 5-4 ACL 的匹配位置

(1)当 ACL 应用在出接口上时,工作流程如图 5-5 所示。

首先数据包进入路由器的接口,根据目的地址查找路由表,找到转发接口(如果路由表中没有相应的路由条目,则路由器会直接丢弃此数据包,并给源主机发送目的不可达消息)。

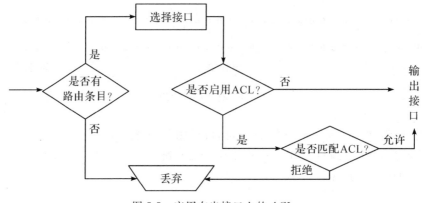

图 5-5　应用在出接口上的 ACL

确定外出接口后需要检查是否在外出接口上配置了 ACL,如果没有配置 ACL,路由器将做与外出接口数据链路层协议相同的二层封装,并转发数据。如果在外出接口上配置了 ACL,则要根据 ACL 制定的原则对数据包进行判断,如果匹配了某一条 ACL 的判断语句并且这条语句的关键字是 permit,则转发数据包;如果匹配了某一条 ACL 的判断语句并且这条语句的关键字是 deny,则丢弃数据包。

（2）当 ACL 应用在入接口上时,工作流程如图 5-6 所示。

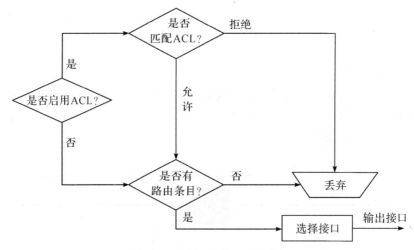

图 5-6　应用于入接口的 ACL

当路由器的接口接收到一个数据包时,首先会检查访问控制列表,如果执行控制列表中有拒绝和允许的操作,则被拒绝的数据包将被丢弃,允许的数据包进入路由选择状态。对进入路由选择状态的数据再根据路由器的路由表执行路由选择,如果路由表中没有到达目标网络的路由,那么相应的数据包就会被丢弃;如果路由表中存在到达目标网络的路由,则数据包被送到相应的网络接口。以上是 ACL 的简单工作过程,说明了数据包经过路由器时,根据访问控制列表做相应的动作来判断是被接收还是被丢弃。在安全性很高的配置中,有时还会为每个接口配置自己的 ACL,来为数据做更详细的判断。

3.ACL 的匹配机制及顺序

以路由器为例说明 ACL 的工作过程。一个入站数据包,由路由器处理器调入内存,读取数据包的包头信息,如目标 IP 地址,并搜索路由器的路由表,查看是否在路由表项中。如果在,则从路由表的选择接口转发;如果无,则丢弃该数据包。如果没有访问控制列表,则数据进入该接口直接转发;如果有访问控制列表,则按条件进行筛选。ACL 的匹配过程如图5-7 所示。

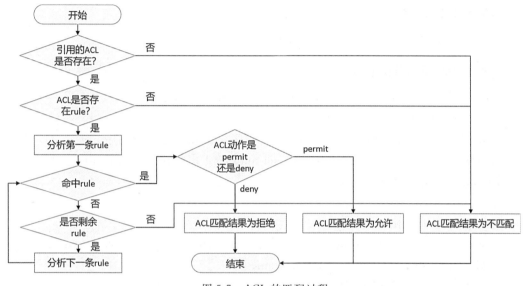

图 5-7　ACL 的匹配过程

匹配流程中系统首先会查找设备上是否配置了 ACL。如果 ACL 不存在,则返回 ACL匹配结果为"不匹配";如果 ACL 存在,则查找设备是否配置了 ACL 规则,其中存在以下情况:

(1)如果规则不存在,则返回 ACL 匹配结果为"不匹配"。

(2)如果规则存在,则系统会从 ACL 中编号最小的规则开始查找。

①如果匹配上了 permit 规则,则停止查找规则,并返回 ACL 匹配结果为"匹配(允许)"。

②如果匹配上了 deny 规则,则停止查找规则,并返回 ACL 匹配结果为"匹配(拒绝)"。

③如果未匹配上规则,则继续查找下一条规则,以此循环。如果一直查到最后一条规则,报文仍未匹配上,则返回 ACL 匹配结果为"不匹配"。

从整个 ACL 匹配流程可以看出,报文与 ACL 规则匹配后,会产生两种匹配结果,即"匹配"和"不匹配"。

(1)匹配(命中规则):指存在 ACL,且在 ACL 中找到了符合匹配条件的规则。不论匹配的动作是 permit 还是 deny,都称为"匹配",而不是只是匹配上 permit 规则才算"匹配"。

(2)不匹配(未命中规则):指不存在 ACL,或 ACL 中无规则,又或者在 ACL 中遍历了所有规则都没有找到符合匹配条件的规则。以上三种情况,都叫做"不匹配"。匹配的原则是一旦命中即停止匹配。

一条 ACL 可以由多条 deny 或 permit 语句组成,每一条语句描述一条规则,这些规则可能存在包含关系,也可能有重复或矛盾的地方,因此 ACL 的匹配顺序是十分重要的。

华为设备支持两种匹配顺序:自动排序(auto 模式)和配置顺序(config 模式)。缺省的 ACL 匹配顺序是 config 模式。

配置顺序是系统按照 ACL 规则编号从小到大的顺序进行报文匹配,规则编号越小越容易被匹配。如果后面又添加了一条规则,则这条规会被加入相应的位置,报文仍然会按照从小到大的顺序进行匹配。

5.1.3　ACL 配置

1.基本 ACL 的基础配置命令

[Huawei]acl [number] acl-number [match-order config]

acl-number:指定访问控制列表的编号。

match-order config:指定 ACL 规则的匹配顺序,config 表示配置顺序。

[Huawei]acl name acl-name { basic | acl-number } [match-order config]

acl-name:指定创建的 ACL 的名称。

basic:指定 ACL 的类型为基本 ACL。

配置基本 ACL 规则如下:

[Huawei-acl-basic-2000]rule [rule-id] { deny | permit } [source { source-address source-wildcard | any } | time-range time-name]

rule-id:指定 ACL 的规则 ID。

deny:指定拒绝符合条件的报文。

permit:指定允许符合条件的报文。

source { source-address source-wildcard | any }:指定 ACL 规则匹配报文的源地址信息。如果不配置,则表示报文的任何源地址都匹配。

source-address:指定报文的源地址。

source-wildcard:指定源地址通配符。

any:表示报文的任意源地址。相当于 source-address 为 0.0.0.0 或者 source-wildcard 为 255.255.255.255。

time-range time-name:指定 ACL 规则生效的时间段。其中,time-name 表示 ACL 规则生效时间段名称。如果不指定时间段,则表示任何时间都生效。

【案例 5-1】基本 ACL 配置

1)任务描述

在路由器 Router 上部署基本 ACL 后,ACL 将试图穿越路由器 Router 的源地址为 192.168.10.0/24 网段的数据包过滤掉,并放行其他流量,从而禁止 192.168.10.0/24 网段的用户访问 Router 右侧的服务器网络。网络拓扑图如图 5-8 所示。

(1)Router 已完成 IP 地址和路由的相关配置,前面讲过路由器基本配置,这里不再列出详细配置命令。

(2)在 Router 上创建基本 ACL,禁止 192.168.10.0/24 网段访问服务器网络。

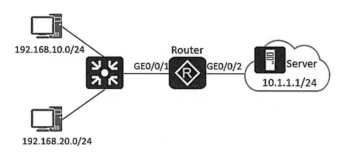

图 5-8　基本 ACL 配置网络拓扑图

[Router]acl 2000

[Router-acl-basic-2000]rule deny source 192.168.10.0　0.0.0.255

[Router-acl-basic-2000]rule permit source any

(3)由于从接口 GE0/0/1 进入 Router,所以在接口 GE0/0/1 的入方向配置流量过滤。

[Router] interface GigabitEthernet 0/0/1

[Router-GigabitEthernet0/0/1]traffic-filter inbound acl 2000

[Router-GigabitEthernet0/0/1] quit

2)结果验证

略。

【案例 5-2】高级 ACL 配置

1)任务描述

某公司通过路由器 Router 实现各部门之间的互连。为方便管理网络,管理员为公司的研发部和市场部规划了两个网段的 IP 地址。现要求路由器 Router 能够限制两个网段之间互访,防止公司机密泄露。网络拓扑图如图 5-9 所示。

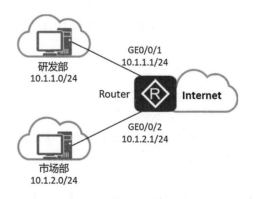

图 5-9　高级 ACL 配置网络拓扑图

(1)Router 已完成 IP 地址和路由的相关配置。

(2)创建高级 ACL 3001 并配置 ACL 规则,拒绝研发部访问市场部的报文:

[Router]acl 3001

[Router-acl-adv-3001]rule deny ip source 10.1.1.0 0.0.0.255 destination 10.1.2.0 0. 0.0.255

[Router-acl-adv-3001] quit

(3)创建高级 ACL 3002 并配置 ACL 规则,拒绝市场部访问研发部的报文:

[Router]acl 3002

[Router-acl-adv-3002]rule deny ip source 10.1.2.0 0.0.0.255 destination 10.1.1.0 0. 0.0.255

[Router-acl-adv-3002] quit

(4)由于研发部和市场部互访的流量分别从接口 GE0/0/1 和 GE0/0/2 进入 Router,所以在接口 GE0/0/1 和 GE0/0/2 的入方向配置流量过滤:

[Router] interface GigabitEthernet 0/0/1

[Router-GigabitEthernet0/0/1]traffic-filter inbound acl 3001

[Router-GigabitEthernet0/0/1] quit

[Router] interface GigabitEthernet 0/0/2

[Router-GigabitEthernet0/0/2]traffic-filter inbound acl 3002

[Router-GigabitEthernet0/0/2] quit

2)结果验证

略。

5.2 NAT 原理与配置

随着互联网的飞速发展,网上丰富的资源有着巨大的吸引力。接入互联网成为当今信息业的迫切需求,但这受到 IP 地址的许多限制。首先,许多局域网在接入互联网之前,就已经运行许多年了,局域网上有了许多现成的资源和应用程序,但它的 IP 地址分配不符合互联网的国际标准,因而需要重新分配局域网的 IP 地址,这无疑是劳神费时的工作。其次,随着网络的发展,公用 IP 地址的需求与日俱增。使用网络地址转换(network address translation,NAT)技术将私网地址转化为公网地址,可以缓解 IP 地址的不足,并且隐藏内部服务器的私网地址。

5.2.1 NAT 概述

随着互联网的发展和网络应用的增多,有限的 IPv4 公有地址已经成为制约网络发展的障碍。为解决这个问题,NAT 技术应需而生。

NAT 技术主要用于实现内部网络的主机访问外部网络。一方面 NAT 技术缓解了 IPv4 地址短缺的问题,另一方面 NAT 技术让外网无法直接与使用私有地址的内网进行通信,提升了内网的安全性。

组建一个企业级网络,需要向网络业务提供商申请一个接入互联网的宽带,同时网络业务提供商还会分配一个或多个 IP 地址,这些 IP 地址可以实现企业内部上网,这些网络业务提供商分配的 IP 就是公有 IP。公有地址也可称为公网地址,由因特网编号分配机构分配。

企业或家庭内部组建用的 IP,一般都是私有 IP。私有地址属于非注册地址,专门为组织机构内部使用,它属于局域网范畴,私有 IP 禁止出现在互联网中,在网络业务提供商连接用户的地方,来自私有 IP 的流量全部会被阻止并丢掉。如果企业内部的电脑要访问互联网,则需要在企业边界上用 NAT 技术将私网 IP 转成公网 IP。

5.2.2 NAT 分类

NAT 的实现方式有五种,即静态 NAT(static NAT,SNAT)、动态 NAT(dynamic NAT,DNAT)、NAPT(network address and port translation,网络地址和端口翻译)、Easy IP、NAT Server。

1. 静态 NAT

1)静态 NAT 定义

静态 NAT 是指将内部网络的私有 IP 地址转换为公有 IP 地址,IP 地址对是一对一的,且是一成不变的,某个私有 IP 地址只转换为某个公有 IP 地址。静态 NAT 支持双向互访,即私有地址访问互联网经过出口设备 NAT 转换时,会被转换成对应的公有地址;同时,外部网络访问内部网络时,其报文中携带的公有地址(目的地址)也会被 NAT 设备转换成对应的私有地址。

2)静态 NAT 工作原理

如图 5-10 所示,在路由器上配置静态映射,当内网 PC1 使用 IP 地址 192.168.10.1 访问 Web 服务器时,使用公网地址 112.1.2.1 替换源 IP 地址。

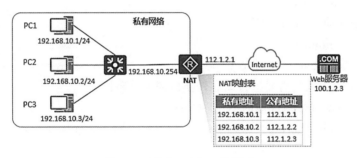

图 5-10　静态 NAT 工作原理

2. 动态 NAT

1)动态 NAT 的定义

静态 NAT 严格地进行一对一地址映射,这就导致即便内网主机长时间离线或者不发送数据,与之对应的公有地址也处于使用状态。为了避免地址浪费,动态 NAT 提出了地址池的概念:所有可用的公有地址组成地址池。

当内部主机访问外部网络时临时分配一个地址池中未使用的地址,并将该地址标记为"In Use",即在使用;当该主机不再访问外部网络时,回收分配的地址,重新标记为"Not Use",即空闲。

如图 5-11 所示,内网有 3 台计算机,公网地址池有 3 个公网 IP 地址,也就只允许内网的 3 台主机访问 Web 服务器,先上网的计算机才能访问 Web 服务器。首先 PC1 访问 Web 服务器时会选择一个地址池中未使用的地址作为转换后的地址,而 NAT 地址池中 122.1.2.1 已经被使用,这时从未使用的地址中选择 122.1.2.2 为转换后的地址并标记为"In Use",同时生成一个临时的 NAT 映射表。当 Web 服务器访问 PC1 时查找 NAT 映射表,根据公有地址查找私有地址,并进行 IP 数据报文目的地址转换。

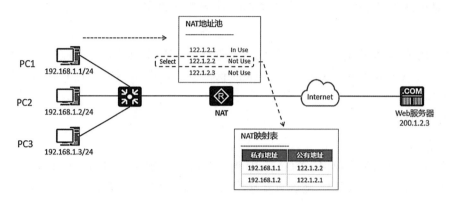

图 5-11　动态 NAT 转换过程

2)动态 NAT 的配置过程

①创建地址池。

[Huawei] nat address-group group-index start-address end-address

配置公有地址范围,其中 group-index 为地址池编号,start-address、end-address 分别为地址池起始地址、结束地址。

②配置地址转换的 ACL 规则。

[Huawei] acl number

[Huawei-acl-basic-number] rule permit source　source-address source-wildcard

配置基础 ACL。匹配需要进行动态转换的源地址范围。

③接口视图下配置带地址池的 NAT Outbound。

[Huawei-GigabitEthernet0/0/0] nat outbound acl-number address-group group-index [no-pat]

接口下关联 ACL 与地址池进行动态地址转换,no-pat 参数指定不进行端口转换。

3. NAPT

1)NAPT 定义

动态 NAT 选择地址池中的地址进行地址转换时不会转换端口号,即非端口地址转换(no-port address translation,No-PAT),公有地址与私有地址还是一对一的映射关系,无法提高公有地址利用率。

NAPT 从地址池中选择地址进行地址转换时,不仅转换 IP 地址,而且会对端口号进行转换,从而实现公有地址与私有地址的 1 对 n 映射,可以有效提高公有地址利用率。

2)工作原理

如图 5-12 所示,首先 PC1 用 192.168.1.1:10321 访问 Web 服务器,在 NAT 地址池中选择一个地址,同时将源 IP 和端口转换为 122.1.2.2:1025,路由器中生成一个临时的 NAT 映射表,记录转换前和转换后的 IP 和端口。当 Web 服务器访问内网 PC1 时,查找 NAT 映射表,根据"公有地址:端口"信息查找对应的"私有地址:端口",并进行 IP 数据报文目的地址、端口转换。

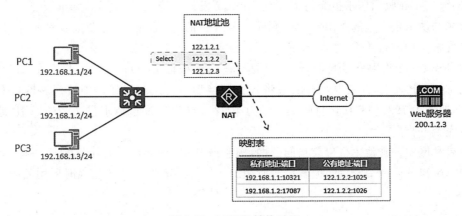

图 5-12　NAPT 转换过程

4. Easy IP

Easy IP 方式的实现原理与 NAPT 转换原理类似，可以算是 NAPT 的一种特例。不同的是 Easy IP 方式可以自动根据路由器上 WAN 接口的公网 IP 地址实现与私网 IP 地址之间的映射（无须创建公网地址池）。Easy IP 适用于不具备固定公网 IP 地址的场景，如通过 DHCP、PPPoE 拨号获取地址的私有网络出口，可以直接使用获取的动态地址进行转换。

Easy IP 特别适合小型局域网接入互联网的情况，例如中小型网吧、小型办公室等环境。一般具有以下特点：内部主机较少；出接口通过拨号方式获得临时（或固定）公网 IP 地址，以供内部主机访问互联网。图 5-13 为 Easy IP 方式转换过程。

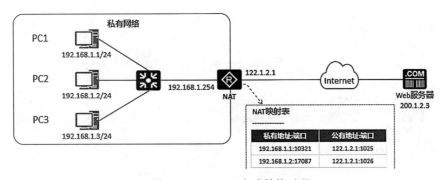

图 5-13　Easy IP 方式转换过程

（1）假设私网中的 PC1 主机要访问公网的 Web 服务器，则要向 Router 发送一个请求报文（即 Outbound 方向），此时报文中的源地址是 192.168.1.1，端口号为 10321。

（2）Router 在收到请求报文后自动利用公网侧 WAN 接口临时或者固定的"公网 IP 地址:端口号"（122.1.2.1:1025），建立与内网侧报文"源 IP 地址:源端口号"间的 Easy IP 转换表项（也包括正、反两个方向），并依据正向 Easy IP 表项的查找结果将报文转换后向公网侧发送。此时，转换后的报文源地址和源端口号由原来的 192.168.1.1:10321 转换成了 122. 1.2.1:1025。

（3）Server 在收到请求报文后需要向 Router 发送响应报文（即 Inbound 方向），此时只需将收到的请求报文中的源 IP 地址、源端口号和目的 IP 地址、目的端口号对调即可，即此时的响应报文中的目的 IP 地址、目的端口号为 122.1.2.1:1025。

（4）Router 在收到公网侧 Server 的回应报文后，根据其"目的 IP 地址:目的端口号"查找反向 Easy IP 表项，并依据查找结果将报文转换后向内网侧发送。即转换后的报文中的目的 IP 地址为 192.168.1.1，目的端口号为 10321，与 PC1 发送请求报文中的源 IP 地址和源端口完全一样。

如果私网中的其他主机也要访问公网，则它所利用的公网 IP 地址与 PC1 一样，都是路由器 WAN 口的公网 IP 地址，但转换时所用的端口号一定要与 PC1 转换时所用的端口号不一样。

5. NAT Server

NAT Server 指定"公有地址:端口"与"私有地址:端口"的一对一映射关系，将内网服务器映射到公网，当私有网络中的服务器需要对公网提供服务时使用。外网主机主动通过访问"公有地址:端口"实现对内网服务器的访问。NAT Server 转换过程如图 5-14 所示。当外网主机 PC1(IP:200.1.2.3)访问内网 Web 服务器(IP:192.168.1.10)时，需要在路由器 RA1 上配置一个 NAT Server，也就是在 NAT 映射表中添加一条静态 NAT 映射，将 TCP 协议的 80 端口映射到内网 Web 服务器的 80 端口。外网主机访问 PC1(122.1.2.1)地址的 TCP 协议 80 端口的数据包，路由器 RA1 收到后，查找 NAT 映射表，根据"公有地址:端口"信息查找对应的"私网地址:端口"，并进行 IP 地址数据报文的目标地址、端口转换，转换后将数据包发送到内网的 Web 服务器。路由器 RA1 收到 Web 服务器返回给 PC1 的数据包，再根据 NAT 映射表，将数据包的源 IP 地址和端口进行转换后发送给 PC1。

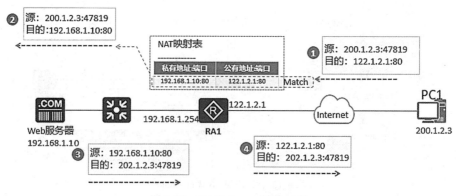

图 5-14　NAT Server 转换过程

5.3　DHCP 原理与配置

手动设置每一台计算机的 IP 地址是比较麻烦的，于是出现了自动配置 IP 地址的方法。DHCP 服务是用来进行动态主机分配的，可以有效地避免手动设置 IP 地址所产生的错误，同时也可避免把一个 IP 地址分配给多台工作站所造成的地址冲突。DHCP 提供了安全、可靠且简单的 TCP/IP 网络设置，减轻了配置 IP 地址的负担。

5.3.1　DHCP 概述

DHCP 的前身是 BOOTP(boot strap protocol,引导协议),它工作在 OSI 的应用层,是一种帮助计算机从指定的 DHCP 服务器中获取配置信息的自举协议。DHCP 是 TCP/IP 协议族中的一种,主要用于网络中的主机请求 IP 地址、默认网关、DNS 服务器地址,并将其分配给主机。DHCP 简化了 IP 地址的配置,实现了 IP 的集中式管理。

1.何时使用 DHCP 服务

网络中主机的 IP 地址与相关配置,都可以采用两种方式获得,即手动配置和自动获得(自动向 DHCP 服务器获取)。在网络主机少的情况下,可以手动为网络中的主机分配静态的 IP 地址,但有时工作量很大,这就需要动态 IP 地址方案。在该方案中,每台计算机并不设定固定的 IP 地址,而是在计算机开机时才被分配一个 IP 地址,这台计算机被称为 DHCP 客户端(DHCP Client)。在网络中提供 DHCP 服务的计算机称为 DHCP 服务器。DHCP 服务器利用 DHCP 为网络中的主机分配动态 IP 地址,并提供子网掩码、默认网关、路由器的 IP 地址以及 YIGE DNS 服务器的 IP 地址等。

动态 IP 地址方案可以减少管理员的工作量。只要 DHCP 服务器正常工作,IP 地址就不会发生冲突。要大批量更改计算机的所在子网或其他 IP 参数,只要在 DHCP 服务器上进行即可,管理员不必设置每一台计算机。

需要动态分配 IP 地址的情况有以下三种。

(1)网络的规模较大,网络中需要分配地址的主机很多,特别是要在网络中增加和删除网络主机或者要重新配置网络时,手动分配工作量很大,而且常常会因为用户不遵守规则而出现错误,如导致 IP 地址冲突等。

(2)当网络中的主机多,而 IP 地址不够用时,也可以使用 DHCP 服务器来解决这一问题。例如,某个网络上有 200 台计算机,采用静态 IP 地址时,每台计算机都需要预留一个 IP 地址,即共需要 200 个 IP 地址。然而,这 200 台计算机并不同时开机,甚至可能只有 20 台计算机同时开机。这样就浪费了 180 个 IP 地址。这种情况对互联网服务提供者(internet service provider,ISP)来说是一个十分严重的问题。解决这个问题的方法就是使用 DHCP 服务。

(3)DHCP 服务使移动客户可以在不同的子网中移动,并在他们连接到网络时自动获得网络中的 IP 地址。随着笔记本电脑的普及,移动办公已成为常态,当计算机从一个网络移动到另一个网络时,每次移动也需要改变 IP 地址,并且移动的计算机在每个网络都需要占用一个 IP 地址。拨号上网实际上就是从 ISP 那里动态获得一个共有的 IP 地址。

2.DHCP 常用术语

1)作用域

作用域是一个网络中的所有可分配的 IP 地址的连续范围。作用域主要用来定义网络中单一的物理子网的 IP 地址范围。作用域是服务器管理分配给网络客户 IP 地址的主要手段。

2)排除范围

排除范围是不用于分配的 IP 地址序列。它保证在这个序列中的 IP 地址不会被 DHCP 服务器分配给客户机。

3)地址池

在用户定义了 DHCP 范围和排除范围后,剩余的地址就构成了一个地址池,地址池中的地址可以动态地分配给网络中的客户机使用。

4)租约

租约指 DHCP 服务器指定的时间长度。当客户机获得 IP 地址时租约被激活,在租约到期前客户机需要更新 IP 地址的租约,当租约过期或从服务器上删除时租约停止。

5)保留地址

用户可以利用保留地址创建一个永久的地址租约。保留地址保证了子网中的指定硬件设备始终使用同一个 IP 地址。

3. DHCP 地址分配类型

DHCP 允许三种类型的地址分配。

1)自动分配方式

在 DHCP 客户端第一次成功地从 DHCP 服务器端租用 IP 地址之后,就永远使用这个地址。

2)动态分配方式

在 DHCP 客户端第一次从 DHCP 服务器租用 IP 地址之后,并非永久地使用该地址,只要租约到期,客户端就得释放这个 IP 地址,以给其他工作站使用。当然,客户端可以比其他主机更优先地更新租约,或租用其他 IP 地址。

3)手动分配方式

DHCP 客户端的 IP 地址是由网络管理员指定的,DHCP 服务器只是把指定的 IP 地址告诉客户端。

5.3.2   DHCP 报文类型

DHCP 报文分为四种类型,DHCP 服务器和客户端之间通过这四种类型的报文进行通信。

1. DHCP Discover

DHCP 客户端请求地址时,并不知道 DHCP 服务器的位置,因此 DHCP 客户端会在本地网络内以广播方式发送请求报文,这个报文成为 Discover 报文,目的是发现网络中的 DHCP 服务器,所有收到 Discover 报文的 DHCP 服务器都会发送回应报文,DHCP 客户端据此就可以知道网络中存在的 DHCP 服务器的位置。

2. DHCP Offer

DHCP 服务器收到 Discover 报文后,就会在所配置的地址池中查找一个合适的 IP 地址,结合相应的租约期限和其他配置信息(网关、DNS 服务器等),构造一个 Offer 报文,发送给客户,告知用户本服务器可以为其提供 IP 地址(只是告诉用户可以提供,为预分配,需要用户通过 ARP 检测该 IP 是否重复)。

3. DHCP Request

DHCP 客户端会收到很多 Offer,所以必须在这些回应中选择一个。客户端通常选择第一个回应 Offer 报文的服务器作为自己的目标服务器,并回应一个广播 Request 报文,通告选择的服务器。DHCP 客户端成功获取 IP 地址后,在地址使用租期过去 1/2 时,会向 DH-CP 服务器发送单播 Request 报文续延租期,如果没有收到 DHCP ACKnowledgment 报文,在租期过去 3/4 时,发送广播 Request 报文续延租期。

此报文用于以下三种用途。

(1)客户端初始化后,发送广播的 DHCP Request 报文来回应服务器的 DHCP Offer报文。

(2)客户端重启初始化后,发送广播的 DHCP Request 报文来确认先前被分配的 IP 地址等配置信息。

(3)当客户端已经和某个 IP 地址绑定后,发送单播的 DHCP Request 报文来延长 IP 地址的租期。

4.DHCP ACK

DHCP 服务器收到 Request 报文后,根据 Request 报文中携带的用户 MAC 来查找相应的续约记录,如果有则发送 ACK 报文作为回应,通知用户可以使用分配的 IP 地址。

5.3.3　DHCP 工作原理

1.DHCP 工作站第一次登录网络

当 DHCP 客户机自动访问网络时,可通过以下步骤从 DHCP 服务器获得租约。

(1)DHCP 客户机在本地子网中先发送 DHCP Discover 报文。此报文以广播的形式发送,因为客户机现在不知道 DHCP 服务器的 IP 地址。

(2)在 DHCP 服务器收到 DHCP 客户机广播的 DHCP Discover 报文后,它向 DHCP 客户机发送 DHCP Offer 报文,其中包括一个可租用的 IP 地址。如果没有 DHCP 服务器对客户机的请求做出反应,可能发生以下两种情况。

①如果客户使用的是 Windows 2000 或后续版本的 Windows 操作系统,且自动设置 IP地址的功能处于激活状态,那么客户端将自动从 Microsoft 保留 IP 地址段中选择一个自动私有 IP 地址(automatic private IP address,APIPA)作为自己的 IP 地址。自动私有 IP 地址的范围是 169.254.0.1~169.254.255.254。使用自动私有 IP 地址可以确保在 DHCP 服务器不可用时,DHCP 客户端之间仍然可以利用私有 IP 地址进行通信。所以,即使在网络中没有 DHCP 服务器,计算机之间仍能通过网上邻居发现彼此。

②如果使用其他操作系统或自动设置 IP 地址的功能被禁止,则客户机无法获得 IP 地址,初始化失败。但客户机在后台每隔 5 分钟发送 4 次 DHCP Discover 报文,直到它收到DHCP Offer 报文。一旦客户机收到 DHCP Offer 报文,它发送 DHCP Request 报文到服务器,表示它将使用服务器所提供的 IP 地址。DHCP 服务器在收到 DHCP Request 报文后,立即发送 DHCP YACK 确认报文,以确定此租约成立,且此报文还包含其他 DHCP 选项信息。客户机收到确认信息后,利用其中的信息配置它的 TCP/IP 并加入网络中。上述过程如图 5-15 所示。

2.DHCP 工作站第二次登录网络

DHCP 客户机获得 IP 地址后再次登录网络时,就不需要再发送 DHCP Discover 报文了,而是直接发送包含前一次所分配的 IP 地址的 DHCP Request 报文。DHCP 服务器收到DHCP Request 报文,会尝试让客户机继续使用原来的 IP 地址,并回答一个 DHCP ACK(确

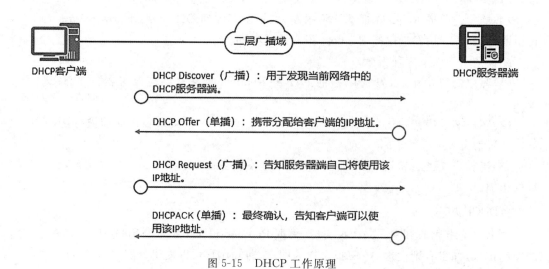

图 5-15   DHCP 工作原理

认信息）报文。

如果 DHCP 服务器无法分配给客户机原来的 IP 地址，则回答一个 DHCP NACK（不确认信息）报文。当客户机接收到 DHCP NACK 报文后，就必须重新发送 DHCP Discover 报文请求新的 IP 地址。

3.DHCP 租约更新

DHCP 服务器将 IP 地址分配给 DHCP 客户机后，有租用时间的限制，DHCP 客户机必须在该次租用过期前对它进行更新。客户机在 50％租用时间过去以后，每隔一段时间就开始请求 DHCP 服务器更新当前租借。如果 DHCP 服务器应答，则租用延期；如果 DHCP 服务器始终没有应答，则在有效租借期的 87.5％时，客户机应该与其他 DHCP 服务器的任何一个通信，并请求更新它的配置信息，如果客户机不能和所有的 DHCP 服务器取得联系，则租借时间到期后，它必须放弃当前的 IP 地址，并重新发送一个 DHCP Discover 报文开始上述 IP 地址获取过程。客户端可以主动向服务器发送 DHCP Release 报文，将当前的 IP 地址释放。

【案例 5-3】DHCP 配置

配置一台路由器作为 DHCP 服务器端，使用接口 GE0/0/0 所属的网段作为 DHCP 客户端的地址池，同时将接口地址设为 DNS Server 地址，租期设置为 3 天。配置拓扑图如图5-16 所示。

图 5-16   DHCP 配置拓扑图

DHCP 配置如下：

［Huawei］dhcp enable

［Huawei］interface GigabitEthernet0/0/0

［Huawei-GigabitEthernet0/0/0］dhcp select interface

［Huawei-GigabitEthernet0/0/0］dhcp server dns-list 10.1.1.2

［Huawei-GigabitEthernet0/0/0］dhcp server excluded-ip-address 10.1.1.2

［Huawei-GigabitEthernet0/0/0］dhcp server lease day 3

小　结

本章首先介绍了 ACL 的相关技术知识，包括 ACL 的定义、组成、匹配、分类、通配符的使用方法，以及 ACL 的基本配置和应用。其次介绍了 NAT 的定义、分类以及五种 NAT 使用的场景。最后介绍了 DHCP 的定义、DHCP 报文以及 DHCP 的工作原理和配置。

思考与练习

1. 何种 NAT 转换可以让外部网络主动访问内网服务器？

2. NAPT 相较于 No-PAT 有哪些优点？

3. DHCP 客户端收到 Offer 之后不直接使用该 IP 地址，还需要发送一个 Request 告知服务器端的原因是什么？

4. 高级 ACL 可以基于哪些条件来定义规则？

自我检测

1. 二层 ACL 的编号范围是（　　　）。

A. 4000～4999　　　　　　　　　B. 2000～2999

C. 6000～6031　　　　　　　　　D. 3000～3999

2. 某台路由器上配置了如下一条访问列表：access-list 4 deny 202.38.0.0 0.0.255.255access-list 4 permit 202.38.160.1 0.0.0.255，该访问列表表示（　　　）。

A. 只禁止源地址为 202.38.0.0 网段的所有访问

B. 只允许目的地址为 202.38.0.0 网段的所有访问

C. 检查源 IP 地址，禁止 202.38.0.0 大网段的主机，但允许其中的 202.38.160.0 小网段的主机

D. 检查目的 IP 地址，禁止 202.38.0.0 大网段的主机，但允许其中的 202.38.160.0 小网段的主机

3. DHCP 包含以下哪些报文类型？（　　　）

A. DHCP Offer

B. DHCP Request

C. DHCP Rollover

D. DHCP Discover

4. 有关 NAT 与 PAT 之间的差异,以下哪一项正确?(　　)

A. PAT 在访问列表语句的末尾使用"overload"一词,共享单个注册地址

B. 静态 NAT 可让一个非注册地址映射为多个注册地址

C. 动态 NAT 可让主机在每次需要外部访问时接收一样的全局地址

D. PAT 使用唯一的源端口号区分不同的转换

5. 使用 NAT 的好处是什么?(　　)

A. 它可节省公有 IP 地址,增强网络的私密性和平安性

B. 它可增强路由性能

C. 它可降低路由问题故障排除的难度

D. 它可降低通过 IPsec 实现隧道的复杂度

6. 下列选项中,哪一项才是一条合法的基本 ACL 的规则?(　　)

A. rule permit ip

B. rule deny ip

C. rule permit source any

D. rule deny tcp source any

8. ipconfig/release 命令的作用是(　　)

A. 获取地址

B. 释放地址

C. 查看所有 IP 配置

9. ipconfig/all 命令的作用是(　　)

A. 获取地址

B. 释放地址

C. 查看所有 IP 配置

第6章 WLAN

【本章导读】

无线局域网(WLAN)是指利用无线通信技术在一定的局部范围内建立的网络,是计算机网络与无线通信技术相结合的产物。WLAN 以无线多址信道为传输媒介,提供传统有限局域网的功能,使用户摆脱线缆的桎梏,可随时随地接入互联网。凭借传输速率高、成本低廉、部署简单等优点,WLAN 已逐步成为使用最广泛的无线宽带接入方式之一。

【学习目标】

1. 掌握 WLAN 技术的发展历程。
2. 理解 WLAN 的组成原理。
3. 掌握 WLAN 基本的拓扑结构。
4. 掌握 WLAN 的一般组网方式。

6.1 WLAN 简介

随着移动互联网的普及,越来越多的人习惯并且喜欢使用无线网络,随时随地享受高速网络带来的便捷。但是有时会遇到这些问题:在人流如潮的车站,有 WLAN 标志却无法接入网络;想和朋友在网上分享自己的心情,却什么也发不出去……无线网络是相对比较复杂的网络系统,相比于有线网络,它看不见、摸不着。一个好的无线局域网必须具备三个条件,一是有高可靠性、高性能的 WLAN 产品,二是有完善的网络规划、设计,三是严格按照网络规划方案进行高质量地部署、实施,三者缺一不可。因此,要降低无线侧的干扰,优化无线侧的性能,高质量部署无线网络,就需要深入了解 WLAN 原理,懂得如何选择和使用 WLAN 产品以及如何对 WLAN 进行科学、系统地规划。

WLAN 是利用无线通信技术在一定的局部范围内建立的网络,是计算机网络与无线通信技术相结合的产物,它以无线多址信道为传输媒介,提供传统有线局域网的功能,真正实现用户随时、随地、随意的宽带网络接入。WLAN 开始是作为有线局域网络的延伸而存在的,各团体、企事业单位广泛地采用了 WLAN 技术来构建其办公网络。但随着应用的进一步发展,WLAN 正逐渐从传统意义上的局域网技术发展成为"公共无线局域网",成为国际互联网的宽带接入手段。WLAN 具有易安装、易扩展、易管理、易维护、高移动性、强保密性、抗干扰等特点。

在 IEEE 的 802 系列标准中,WLAN 对应的是 IEEE 802.11 标准,包括 802.11a、

802.11b、802.11g、802.11n、802.11ac 等具体的修订案。IEEE 802.11 标准定义的 WLAN 网络具有如下特点：

①可以在 2.4GHz 和 5GHz ISM［industrial（工业的）、scientific（科学的）、medical（医学的）］频段上工作；

②提供高于同期移动蜂窝网的数据速率，且数据成本较低；

③移动性支持能力相对较差；

④支持带冲突检测的载波监听多路访问（CSMA/CA）；

⑤支持确认（ACKnowledgment）机制，保证传输可靠性。

6.1.1   WLAN 发展历程

WLAN 的两个典型标准分别是由电气电子工程师学会（IEEE）802 标准委员会下第 11 标准工作组制定的 IEEE 802.11 系列标准和欧洲电信标准组织（European Telecommunications Standards Institute，ETSI）下的宽带无线电接入网络（Broadband Radio Access Networks，BRAN）小组制定的 HiperLAN 系列标准。

IEEE 802.11 系列标准由 Wi-Fi 联盟负责推广，本节中所有研究仅针对 IEEE 802.11 系列标准，并且用 Wi-Fi 代指 IEEE 802.11 技术。

1. IEEE 802.11 系列标准

1980 年成立的 IEEE 802 标准委员会专门从事局域网和城域网协议的标准化工作，其给出的 OSI 参考模型的局域网标准只涉及 OSI 的物理层和数据链路层（data link layer，DLL）。数据链路层又被分为两个子层，即逻辑链路控制（LLC）子层和介质访问控制（MAC）子层，并加强了数据链路层的功能，把网络层中的寻址、排序、流量控制和差错控制等功能放在 LLC 子层来实现。

IEEE 802.11 工作组为多个物理层制定了一个通用的 MAC 层以标准化无线局域网。作为 IEEE 下 802 局域网和城域网标准家族的一员，IEEE 802.11 与 IEEE 802.1 标准的架构、管理、联网以及 IEEE 802.2 标准的 LLC 相关联。IEEE 802.11 系列标准的协议体系结构如图 6-1 所示。

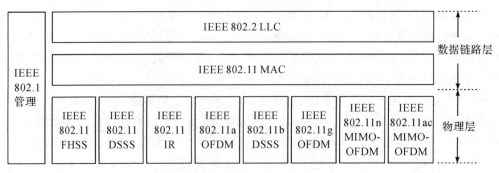

图 6-1   IEEE 802.11 协议体系结构

IEEE 802.11 MAC 子层支持的物理层标准有以下几种：

①IEEE 802.11 跳频扩频（frequency hopping spread spectrum，FHSS）物理层，在

2.4GHz频段上提供 1～2Mbit/s 的传输速率；

②IEEE 802.11 直接序列扩频(direct sequence spread spectrum，DSSS)物理层，在 2.4GHz频段上提供 1～2Mbits 的传输速率；

③IEEE 802.11 红外线(infrared light，IR)物理层，在 2.4GHz 频段上提供 1～2Mbit/s 的传输速率；

④IEEE 802.11a 物理层，在 5GHz 频段上提供 6～54Mbit/s 的传输速率；

⑤IEEE 802.11b 物理层，在 2.4GHz 频段上提供 1～11Mbit/s 的传输速率；

⑥IEEE 802.11g 物理层，在 2.4GHz 频段上提供 6～54Mbit/s 的传输速率；

⑦IEEE 802.11n 物理层，在 2.4GHz 频段和 5GHz 频段上提供 6.5～600Mbit/s 的传输速率；

⑧IEEE 802.11ac 物理层，在 5GHz 频段上提供 6.5～6933Mbit/s 的传输速率。

在 IEEE 802.11 系列标准中，通常把相对复杂的物理层进一步划分为物理层汇聚过程(physical layer convergence procedure，PLCP)子层、物理层媒体依赖(physical media dependent，PMD)子层和物理层管理(physical layer management，PLM)子层。PLCP 子层将 MAC 帧映射到媒体上，主要进行载波侦听的分析和针对不同物理层形成相应格式的分组。PMD 子层用于识别相关媒体传输的信号所使用的调制和编码技术，完成这些帧的发送。物理层管理子层为物理层进行信道选择和协调。

MAC 层也分为 MAC 子层和 MAC 管理子层。MAC 子层负责访问机制的实现和分组的拆分与重组；MAC 管理子层负责扩展服务集(extended service set，ESS)管理、电源管理，以及关联过程中的关联、解除关联和重新关联等过程的管理。

IEEE 在 1997 年为无线局域网制定了第一个版本标准——IEEE 802.11，其中定义了介质访问控制层和物理层。物理层定义了工作在 2.4GHz 的 ISM 频段上的两种扩频调制方式和一种红外线传输方式，总数据传输速率设计为 2Mbit/s。两个设备可以自行构建临时网络，也可以在基站(base station，BS)或者接入点(access point，AP)的协调下通信。为了在不同的通信环境下获取良好的通信质量，采用 CSMA/CA 硬件沟通方式。

1999 年加上了两个补充版本：IEEE 802.11a 定义了一个在 5GHz ISM 频段上的数据传输速率可达 54Mbit/s 的物理层；IEEE 802.11b 定义了一个在 2.4GHz 的 ISM 频段上的数据传输速率高达 11Mbit/s 的物理层。2.4GHz 的 ISM 频段为世界上绝大多数国家通用，因此 IEEE 802.11b 得到了广泛应用。1999 年工业界成立了 Wi-Fi 联盟，致力于解决匹配苹果公司把自己开发的 IEEE 802.11 标准起名叫 AirPort。802.11 标准的产品的生产和设备兼容性问题。

2. Wi-Fi 技术的发展

IEEE 802.11 标准委员会于 1997 年 6 月颁布了具有里程碑意义的无线局域网标准 IEEE 802.11-1997。IEEE 802.11 标准由很多子集构成，详细定义了从物理层到 MAC 层的 WLAN 通信协议。以此为基础，IEEE 802.11 标准委员会又先后推出了 IEEE 802.11b、IEEE 802.11a、IEEE 802.11g、IEEE 802.11n 及 IEEE 802.11ac 等多个修订案，对其性能进行提升。IEEE 802.11 系列标准修订案的技术指标如表 6-1 所示。

表 6-1　IEEE 802.11 系列标准修订案的技术指标

		IEEE 802.11b	IEEE 802.11a	IEEE 802.11g	IEEE 802.11n	IEEE 802.11ac
发布时间		1999 年 9 月	1999 年 9 月	2003 年 6 月	2009 年 9 月	2013 年 12 月
工作频段		2.4GHz	5GHz	2.4GHz	2.4GHz/5GHz	5GHz
信道带宽		22MHz	20MHz	22MHz	20MHz/40MHz	20MHz/40MHz 80MHz/160MHz/ (80＋80)MHz
理论速率		11Mbit/s	54Mbit/s	54Mbit/s	600Mbit/s	6.933Gbit/s
编码	编码方式	—	卷积码	卷积码	卷积码/LDPC	卷积码/LDPC
	编码码率		1/2、2/3、3/4	1/2、2/3、3/4	1/2、2/3、3/4、5/6	1/2、2/3、3/4、5/6
调制技术		DSSS	OFDM	OFDM/DSSS	MIMO-OFDM	MIMO-OFDM
调制方式		CCK	BPSK/QPSK/ 16QAM/ 64QAM	CCK/BPSK/ QPSK/16QAM/ 64QAM/DBPSK/ DQPSK	BPSK/QPSK/ 16QAM/64QAM	BPSK/QPSK/ 16QAM/64QAM/ 256QAM
天线结构		1×1 SISO	1×1 SISO	1×1 SISO	4×4 MIMO	8×8 MIMO

由表 6-1 可见,在 1999 年的两个修订案中,IEEE 802.11b 采用补码键控(complementary code keying,CCK)技术取得了重大的成功,而 IR 和 FHSS FHY 市场逐渐衰落。IEEE 802.11a 虽然速率很高,但是只能用于 5GHz 的 ISM 频段,成本较高,当时并不流行。而 IEEE 802.11g 可以与 IEEE 802.11b 有兼容性和互操作性,并且速率得到很大提升,故在市场上取得了巨大的成功。

IEEE 802.11 从 1999 年至 2013 年,不断推出新技术,且每代新技术比上次标准修订案中的传输速率提高四倍左右,如图 6-2 所示。

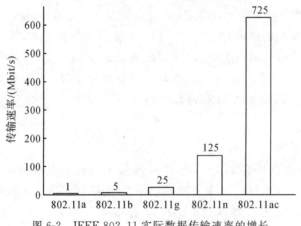

图 6-2　IEEE 802.11 实际数据传输速率的增长

3.WLAN 产品的演进

经过十几年的发展,WLAN 技术目前已经历了三代技术和产品的更迭。

第一代 WLAN 主要采用 FAT AP(即胖 AP),每一个 AP 都要单独进行配置,费时、费力且成本较高。

第二代 WLAN 融入了无线网关功能,但还是不能集中进行管理和配置,其管理能力、安全性以及对有线网络的依赖成为第一代和第二代 WLAN 产品发展的瓶颈。由于这一代技术的 AP 储存了大量的网络和安全的配置,而 AP 又分散在建筑物中的各个位置,一旦 AP 的配置被盗取读出并修改,无线网络系统就失去了安全性。在这样的背景下,基于无线网络控制器技术的第三代 WLAN 产品应运而生。

第三代 WLAN 采用接入控制器(access control,AC)和 FIT AP(即瘦 AP)的架构,对传统 WLAN 设备的功能做了重新划分,将密集型的无线网络安全处理功能转移到集中的 WLAN 网络控制器中实现,同时加入了许多重要的新功能,诸如无线网管、AP 间自适应、射频(radio frequency,RF)监测、无缝漫游以及 QoS 控制,使得 WLAN 的网络性能、网络管理和安全管理能力得以大幅提高。

目前 WLAN 企业网络建设除利旧外,基本不再部署传统胖 AP 设备,而采用"瘦 AP+AC"架构。该架构中 AC 负责网络的接入控制、转发和统计,AP 的配置监控、漫游管理、网管代理以及安全控制等功能;瘦 AP 负责 IEEE 802.11 报文的加解密、无线物理层射频、空口的统计等功能。

胖 AP、瘦 AP 技术是两种不同的发展思路方向,瘦 AP 代表了 WLAN 集中式智能与控制的发展趋势。

6.1.2　WLAN 典型应用

1.WLAN 的优势

WLAN 相对于目前的有线宽带网络主要具备以下优点。

(1)移动性:数据使用者有四处移动的需要,WLAN 能够让使用者在移动中访问数据,可大幅提高生产效率。

(2)灵活性:对传统有线网络而言,要在某些场所布线相当困难。因建筑物老旧,或当时的建筑设计蓝图不知去向,要在旧式的石材建筑中穿墙布线十分困难。而 WLAN 在这些场合布放就非常灵活。

(3)可扩展性:利用无线网络,可以迅速构建小型临时性的群组网络供会议使用,网络可随意游走于办公室隔断之间。WLAN 的扩充十分方便,因为无线传播介质无处不在。使用者不再需要到处拉线、接线、绕线。无线 AP 还可以部署在旅馆、宾馆、火车站、机场等地点。

(4)经济性:采用 WLAN 技术可以节约不少成本,如何节约网线的成本。另外,比如在两栋建筑间搭建无线分布式系统(wireless distribution system,WDS)进行传输,虽然初期采购户外设备、无线 AP 以及无线网卡有部分成本,但是扣除这类初期的固定资本投入,后期每月的运营成本微乎其微。长期而言,这种点对点的无线链路远比租用运营商的专线便宜得多。

2.WLAN 的业务分类

现阶段 WLAN 业务主要包括以下几个方面。

1)互联网无线宽带接入

WLAN 为用户访问互联网提供了一个无线宽带接入方式,通过 WLAN 接入设备,用户能够方便地实现各种互联网上的业务。

2)多媒体数据业务

WLAN 可为用户提供多媒体业务服务,如视频点播、数字视频广播、视频会议、远程医疗和远程教育等。

3)基于 WLAN 的增值业务

基于 WLAN 接入方式的数据业务可以和现有的其他业务(如短信、IP 电话、娱乐游戏、位置服务等)相结合,电信运营商可以利用业务控制手段,引导用户对增值业务的使用。

4)热点地区的服务

在展览和会议等热点地区,WLAN 可以使工作人员在极短的时间内方便地得到计算机网络的服务,连接互联网并获得所需要的资料,也可以使用移动计算机互通信息、传递稿件和制作报告。

5)虚拟专用网(virtual private network,VPN)业务

移动办公者可以通过 WLAN 接入的方式,高速访问企业内部的网络资源,如企业内部网页、内部邮件系统、内部文件系统,实现 VPN 业务。

3.WLAN 的应用场景

在教育、旅游、金融服务、医疗、库管、会展等领域,无线网络有着广阔的应用前景。随着开放式办公的流行和手持设备的普及,人们对移动性访问和存储信息的需求越来越大。

1)WLAN 使得工作更加高效

①新闻发布会现场部署 WLAN 后,现场记者可以进行现场新闻的实时报道。

②展厅和证券大厅部署 WLAN 后,可进行业务和监控数据的实时交互。

③工厂和生产线部署 WLAN 后,可进行生产一键启动的远程操控等。

2)WLAN 使得用户可随时随地接入网络

①写字楼内部署 WLAN 网络,可实现无线办公,不受网线的约束。

②候机厅、风景区、咖啡厅内部署 WLAN 网络,可使用户随时随地上网。

6.2　WLAN 原理

6.2.1　WLAN 结构

WLAN 结构如图 6-3 所示,包括站点(station,STA)、无线介质(wireless medium,

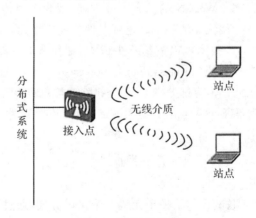

图 6-3　WLAN 结构

WM)、接入点(AP)和分布式系统(distribution system,DS)。

1)站点(STA)

站点通常是指 WLAN 网络中的终端设备,例如笔记本电脑的网卡、移动电话的无线模块等。STA 可以是移动的,也可以是固定的。每个 STA 都支持鉴权、取消鉴权、加密和数据传输等功能,是 WLAN 的基本组成单元。

STA 常常改变自己的空间所处位置,所以一般情况下,一个 STA 不代表某个固定的空间物理位置。因此,STA 的目的地址和物理位置是两个不同的概念。

2)无线介质(WM)

无线介质是 WLAN 中站点与站点之间、站点与接入点之间通信的传输介质。此处指的是大气,它是无线电波和红外线传播的良好介质。WLAN 的无线介质由无线局域网物理层标准定义。

3)接入点(AP)

接入点与蜂窝结构中的基站类似,是 WLAN 的重要组成单元。AP 可看作一种特殊的站点,其基本功能如下:

①作为接入点,完成其他非接入点的站点对分布式系统的接入访问和同一基本服务集(basic service set,BSS)中的不同站点间的通信连接;

②作为无线网络和分布式系统的桥接点完成无线网络与分布式系统间的桥接;

③作为 BSS 的控制中心完成对其他非接入点的站点的控制和管理。

4)分布式系统(DS)

物理层覆盖范围的限制决定了站点与站点之间的直接通信距离。为扩大覆盖范围,可将多个接入点连接以实现相互通信。连接多个接入点的逻辑组件称为分布式系统,也称为骨干网络。如图 6-4 所示,如果 STA 要向 STA3 传输数据,则 STA1 需先将无线帧传给 AP,AP1 连接的分布式系统负责将无线帧传送给与 STA3 关联的 AP2,再由 AP2 将帧传送给 STA3。

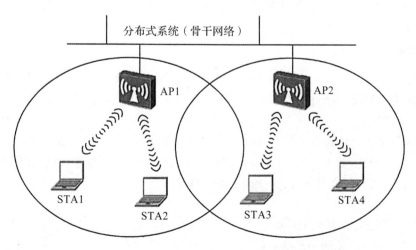

图 6-4　分布式系统

分布式系统介质(distribution system medium,DSM)可以是有线介质,也可以是无线介质。这样,在组织 WLAN 时就有了足够的灵活性。在多数情况下,有线 DS 采用有线局域网(如 IEEE 802.3);而无线 DS 可通过接入点间的无线通信(通常为无线网桥)取代有线电缆来实现不同 BSS 的连接。

6.2.2　基本服务集

基本服务集是 IEEE 802.11 无线局域网的基本构成单元,可以包含多个 STA。

BSS 实际覆盖的区域称为基本服务区(basic service area, BSA),在该覆盖区域内的成员站点之间可以保持通信。只要无线接口接收到的信号强度在接收信号强度指示(received signal strength indication, RSSI)阈值之上,就能确保站点在 BSA 内移动而不会失去与 BSS 的连接。由于周围环境经常会发生变化,BSA 的尺寸和形状并非总是固定不变的。

每个 BSS 都有一个基本服务集标识(basic service set identifier, BSSID),是每个 BSS 的二层标志符。BSSID 实际上就是 AP 无线射频卡的 MAC 地址(48 位),用来标识 AP 所管理的 BSS。BSSID 位于大多数 IEEE 802.11 无线帧的帧头,用于 BSS 中的 IEEE 802.11 无线帧转发。同时,BSSID 还在漫游过程中起着重要作用。

6.2.3　服务集标识

服务集标识(service set identifer, SSID)是标识 IEEE 802.11 无线网络的逻辑名,可供用户进行配置。SSID 最多由 32 个字符组成,且区分大小写,配置在所有 AP 与 STA 的无线射频卡中。

不要混淆 SSID 与 BSSID,SSID 是用户可配置的无线局域网逻辑名,而 BSSID 是硬件厂商提供给 AP 无线射频卡的 MAC 地址。

1. SSID 隐藏

大部分 AP 具备隐藏 SSID 的能力,隐藏后的 SSID 只对合法终端用户可见。IEEE 802.11-2007 标准并没有定义 SSID 隐藏,不过,许多管理员仍然将 SSID 隐藏作为一种简单的安全手段使用。

2. 多 SSID

早期的 AP 只支持 1 个 BSS,如果要在同一空间内部署多个 BSS,则需要安放多个 AP,这不但增加了成本,还占用了信道资源。为了改善这种状况,现在的 AP 通常支持创建多个虚拟 AP(virtual AP, VAP)。VAP 就是在一个物理实体 AP 上虚拟出的多个 AP,每一个被虚拟出的 AP 就是一个 VAP;每个 VAP 提供和物理实体 AP 一样的功能;每个 VAP 对应 1 个 BSS。这样一个 AP,就可以提供多个 BSS,可以再为这些 BSS 设置不同的 SSID。如图 6-5 所示,图中有两个 BSS,分别为 BSS1:VAP1、SSID:guest 和 BSS2:VAP2、SSID:internal。

目前的 AP 均支持多 SSID 功能,除了 AP2010、AP2030、AP3010 每个射频可以支持 8 个虚拟 AP 外,华为其他的 AP 每个射频都可以支持 16 个虚拟 AP,也就是同时可以支持 16 个逻辑网络。

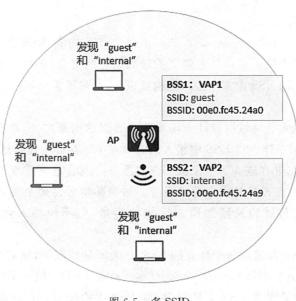

图 6-5 多 SSID

6.3 WLAN 拓扑结构

WLAN 网络相对于有线局域网的一大优势在于网络部署的灵活性,根据 AP 的功能差异,WLAN 组网有多种方式,从而满足不同场景的网络接入需求。

6.3.1 基础架构基本服务集

基础架构基本服务集(infrastructure BSS)包含单个 AP 及若干个 STA,如图 6-6 所示。该拓扑结构中,不同站点通过 AP 实现彼此间的通信,并借助分布系统完成与有线网络的连接。由于单个 AP 覆盖距离有限,该结构仅适用于小范围的 WLAN 组网,日常生活中部署的 WLAN 网络大部分为基础架构型。

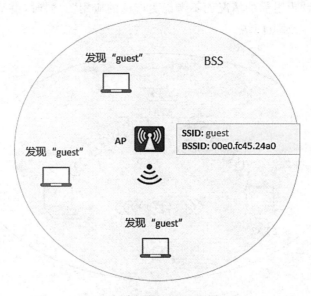

图 6-6 基础架构基本服务集

6.3.2　扩展服务集

扩展服务集(extended service set，ESS)由多个 BSS 构成，BSS 之间通过分布式系统连接在一起。ESS 是若干接入点和与之建立关联的站点的集合，各接入点之间通过单一的分布式系统相连。常见的 ESS 由多个接入点构成，接入点的覆盖小区之间部分重叠，以实现客户端的无缝漫游。

尽管无缝漫游是无线局域网设计中需要重点考虑的因素之一，然而保证不间断通信并不是 ESS 必须满足的条件。当 ESS 中接入点的覆盖小区存在不连续区域时，站点在移动过程中会暂时失去连接，并在进入下一个接入点的覆盖范围后重新建立连接。这种站点在非重叠小区之间移动的方式有时称为游动漫游。另一种情形是多个接入点的覆盖范围大部分重合或完全重合，其目的是增加覆盖区域的容量，但不同接入点必须配置在不同信道上。

ESS 内的每个 AP 都组成一个独立的 BSS，在大部分情况下，所有 AP 共享同一个扩展服务区标识(extended SSID，ESSID)，ESSID 本质就是 SSID。同一 ESS 中的多个 AP 可具有不同的 SSID，但如果要求 ESS 支持漫游，则 ESS 中的所有 AP 必须共享同一个逻辑名 ESSID。

6.3.3　独立基本服务集

IEEE 802.11 标准定义的第三种拓扑结构称为独立基本服务集(independent BSS，IBSS)，如图 6-7 所示，仅由站点组成，而不存在接入点，在 IBSS 中，站点互相之间可以直接通信，但两者间的距离必须在可通信的范围内。最简单的 IEEE 802.11 网络是由两个站点组成的 IBSS。

通常而言，IBSS 是由少数几个站点为了特定目的而组成的暂时性网络。如在会议开始时，参会人相互形成一个 IBSS 以便传输数据；当会议结束时，IBSS 随即瓦解。正因为持续时间不长、规模小且目的特殊，IBSS 结构网络有时被称为特设网络(ad hoc network)。"ad hoc"为拉丁文，意为"为眼前的情况而不考虑更广泛的应用"。同时，由于 IBSS 中通信具有点对点特性，也称为点对点网络。

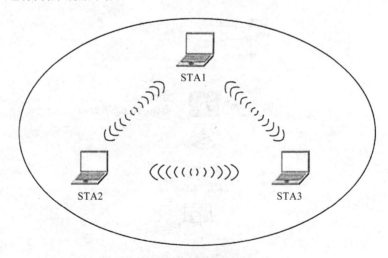

图 6-7　独立基本服务集

6.3.4　Mesh 基本服务集

IEEE 802.11 标准很早就定义了上述 3 种拓扑结构,即基础架构基本服务集、扩展服务集和独立基本服务集。IEEE 802.11s-2011 定义了一种新的拓扑结构:Mesh 基本服务集(mesh BSS,MBSS)。之后,IEEE 802.11s-2011 也被并入 IEEE 802.11-2012 标准中。

传统的 WLAN 网络中,STA 与 AP 之间以无线信道为传输介质,AP 的上行链路则是有线网络。如果部署 WLAN 网络前没有有线网络基础,则需要大量的时间和成本来构建有线网络。对于组建后的 WLAN 网络,如果要对其中某些 AP 位置进行调整,则应调整相应的有线网络,操作困难。综上所述,传统 WLAN 网络的建设周期长、成本高、灵活性差。采用 MBSS 结构只需安装 AP,建网速度非常快,主要用于应急通信、无线城域网等场合或有线网络薄弱地区。

采用 MBSS 拓扑结构的无线局域网称为无线 Mesh 网络(wireless mesh network,WMN),支持 Mesh 功能的 AP 称为 mesh point。连接 Mesh 网络和其他类型网络的 MP 节点称为 MPP(mesh portal point),这个节点具有 Portal 功能,可以实现 Mesh 内部节点和外部网络的通信。其他 Mesh AP 与 Protal 站点建立无线回传链路连接有线网络。

Mesh 网络的优点包括如下几点。

(1)快速部署:Mesh 网络设备安装简便,可以在几小时内组建,而传统的无线网络需要较长的时间。

(2)动态覆盖范围:随着 Mesh 节点的不断加入,Mesh 网络的覆盖范围可以快速增加。

(3)健壮性:Mesh 网络是一个对等网络,不会因为某个节点产生故障而影响整个网络。如果某个节点发生故障,报文信息就会通过其他备用路径传送到目的节点。

(4)灵活组网:AP 可以根据需要随时加入或离开网络,这使得网络更加灵活。

(5)应用场景广:Mesh 网络除了可以应用于企业网、办公网、校园网等传统 WLAN 网络常用场景外,还可以广泛应用于大型仓库、港口码头、城域网、轨道交通、应急通信等场景。

(6)高性价比:Mesh 网络中,只有 Portal 节点需要接入有线网络,对有线的依赖程度降到了最低,省去了购买大量有线设备和布线安装的投资开销。

需要注意的是,IEEE 802.11 帧在第二层传输,Mesh 网络也一样。IEEE 802.11 帧在 Mesh 网络中的路由也是基于 MAC 地址的转发,而非 IP 地址。MBSS 的默认路径选择协议是混合无线 Mesh 协议(hybrid wireless mesh protocol,HWMP),然而,许多 WLAN 厂商一直使用私有的 Mesh 协议。因此,在部署 Mesh 网络时,应尽量选购同一家厂商生产的 Mesh 设备。

6.4　WLAN 组网方式

无线局域网的组网根据实际的应用场景可以采用不同的组网方式,大多数家庭和小型企业办公室更多采用无线路由器或胖 AP 组网,但是对于大型的局域网来说就必须采用瘦 AP 组网。WLAN 的数据转发方式也和组网有关,包括直连式直接转发、隧道转发、旁挂式直接转发、隧道转发。为了让 WLAN 网络的业务应用更加广泛,可以设置 VLAN 来增强 WLAN 的业务性能。

6.4.1　胖 AP 设备的典型组网

传统的无线局域网,无线接入点分散在所要覆盖的区域范围,给各自的覆盖区域内提供信号、用户安全管理和接入访问策略。局域网内单个 AP 是独立接入点，WLAN 接收器运行在用户的终端侧，在覆盖区域内通过邻近 AP 制定的安全策略接入无线网。然后通过家庭调制解调器(modem)或接入交换机连到互联网。因为胖 AP 安装方便，一般在家庭网络或小型企业网络中采用这种形式进行组网，典型的组网模式如图 6-8 所示。

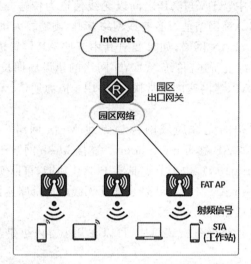

图 6-8　胖 AP 典型组网模式

6.4.2　企业网络的组网模式

企业等大型场所所需要的无线覆盖范围比较大，若采用胖 AP 组网，则可以将 AP 接入交换机端，数据通过交换机的转发，到达企业核心网。在企业核心网中也可以架设网管系统，便于对 AP 统一管理。图 6-9 为典型的胖 AP 组网方式，这种组网属于早期的 WLAN 组网，当时企业布放的 AP 不多，相对比较容易管理。但随着业务需求的增大，大型企业或高校园区会布放大量的 AP，如果还采取这种组网方式的话，每个胖 AP 单独配置，管理

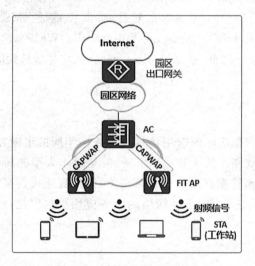

图 6-9　瘦 AP 典型组网模式

员的工作将变得非常烦琐,因此很多大型企业中 WLAN 组网采用"AC＋瘦 AP"的组网方式。

6.4.3　瘦 AP 设备组网方式

因为采用胖 AP 进行大规模组网管理比较复杂,也不支持用户的无缝漫游,所以在大规模组网中一般采用瘦 AP 设备组网模式,"无线控制器＋FIT AP"控制架构(瘦 AP)对设备的功能进行了重新划分,其中无线控制器负责无线网络的接入控制、转发和统计,AP 的配置监控、漫游管理、网管代理、安全控制;FIT AP 提供 IEEE 802.11 报文的加解密、IEEE 802.11 的物理层功能、接受无线控制器的管理、RF 空口的统计等简单功能。

AP 与 AC 之间的组网方式有二层组网和三层组网两种。

1)二层组网模式

AC 与 AP 之间的网络为直连或者二层网络的组网方式称为二层组网。瘦 AP 和无线控制器同属于一个二层广播域,瘦 AP 和 AC 之间通过二层交换机互联。由于二层组网比较简单,适用于简单临时的组网,能够进行比较快速的组网配置,但该模式不适用于大型组网架构。

2)三层组网模式

AP 与 AC 之间的网络为三层网络的组网方式称为三层组网。该模式下瘦 AP 和无线控制器属于不同的 IP 网段,瘦 AP 和 AC 之间的通信需要通过路由器或者三层交换机路由转发功能来完成。

在实际组网中,一台 AC 设备可以连接几十甚至几百台 AP 设备,组网一般比较复杂。比如在企业网络中,AP 可以布放在公司办公室、会议室、会客间等场所,而 AC 可以安放在公司机房,这样 AC 和 AP 之间的网络就必须采用比较复杂的三层网络,根据 AC 在网络中的位置可分为直连式组网和旁挂式组网。

(1)直连式组网。

直连式组网中 AC 同时扮演 AC 和汇聚交换机的角色,AP 的数据业务和管理业务都由 AC 集中转发和处理。直连式组网可以认为 AP、AC 与上层网络串联在一起,所有数据必须通过 AC 到达上层网络。该组网方式的缺点是对 AC 的吞吐量以及处理数据能力要求比较高,AC 容易成为整个无线网络带宽的瓶颈;优点是组网架构清晰,组网简单。

(2)旁挂式组网。

旁挂式组网就是 AC 旁挂在 AP 与上行网络的直连网络上,AP 的业务数据可以不经 AC 而直接到达上行网络。实际组网中,无线网络的覆盖架设大部分是后期在现有网络中扩展而来的,采用旁挂式组网就比较容易进行扩展,只需将 AC 旁挂在现有网络中,比如旁挂在汇聚交换机上,就可以对终端 AP 进行管理,所以此种组网方式使用率比较高。

在旁挂式组网中,AC 只承载对 AP 的管理功能,管理流封装在 CAPWAP 隧道中传输。数据业务流可以通过 CAPWAP 数据隧道经 AC 转发,也可以不经过 AC 而直接转发,后者是指无线用户业务数据流经汇聚交换机传输至上层网络。

6.5　WLAN 故障处理

网络工程师就像医师,为计算机诊断疑难杂症。有线网络会停摆,无线网络也不例外。WLAN 提供方便的网络接入功能的同时,出现故障的风险也相对较高。构建无线局域网后,网络工程师必须时刻准备,随时查找可能发生的问题。

网络常用诊断命令包括 Ping 命令与 Display 命令。其他常用的网络诊断命令还有 Trace 命令与 Debug 命令。

6.5.1　Ping 命令

Ping(packet internet groper,互联网分组探测器)是 Windows 下的一个命令,在 Unix 和 Linux 下也有这个命令。Ping 是 ICMP 的一个应用,使用了 ICMP 回送请求和回送响应报文。利用 Ping 命令可以检查网络是否连通,有助于分析和判定网络故障。

Ping 命令通过向目标主机发送 ICMP 回送请求报文并且监听回送响应报文来校验与远程计算机或本地计算机的连接。对于每个回送请求报文,Ping 最多等待 1 秒,并打印发送和接收报文的数量。比较每个接收报文和发送报文,以校验其有效性。默认情况下,发送四个回送请求报文。

Ping 用于检查 IP 网络连接及主机是否可达。主要测试两点之间连通性命令。对于每一个发出的回送请求报文,如果超时仍未收到响应报文,则输出"Request time out",否则显示响应报文中数据字节数、报文序号、生存时间和响应时间。

最终统计信息包括发送报文总数、接收报文总数、未响应报文百分比和响应时间的最小值、平均值、最大值。

6.5.2　Display 命令

Display 命令主要用于显示设备的运行参数,如设备的版本、硬件信息、AC 中所有 AP 的状态信息、设备中的管理用户、所连接客户端的信息等。

常用 Display 命令如下:

①Display version//显示当前版本信息。

②Display current-configuration//显示系统当前配置信息。

③Display interface//显示端口信息。

④Display ap all//显示所有 AP 状态。

6.5.3　Trace 命令

Trace 命令也是 ICMP 的重要应用之一,分为 Tracert(在 Windows 下)和 Traceroute (在 Linux 下)两种,它可以用来跟踪一个分组从源点到终点的路径。

Tracert 命令原理为源主机向目的主机发送一串 IP 数据报,数据报中封装的是无法交付的 UDP 用户数据报。第一个数据报 P1 的 TTL 设置为 1。当 P1 到达路径上的第一个路由器 R 时,路由器 R 先收下它,接着把 TTL 的值减 1。由于 TTL 等于零,R1 就将 P1 丢弃,并向源主机发送一个 ICMP 时间超过差错报告报文。源主机接着发送第二个数据报 P2,并把 TTL 设置成 2。P2 先到达路由器 R1,R1 收下后把 TTL 减 1 再转发给路由器 R2。R2 收到 P2 时 TTL 为 1,但减 1 后 TTL 变为零。R2 就丢弃 P2,并向主机发送一个 ICMP 时间超过差错报告报文。这样一直继续下去,当最后一个数据报刚刚到达目的主机时,数据报的 TTL 是 1。主机不转发数据报文,因此目的主机要向源主机发送 ICMP 终点不可达差错报文。

通过以上流程,路由器和最后目的主机发来的 ICMP 报文可提供以下信息:到达目的主机所经过的路由器的 IP 地址;到达每一个路由器的往返时间。

6.5.4　Debug 命令

使用 Debug 命令,可以在网络发生故障时,获得路由中交换报文和帧的信息,这些信息对网络故障定位至关重要。

小　结

通过 WLAN 组网技术,用户可以更方便、更安全地接入无线网络,并在无线网络覆盖区域内自由移动,彻底摆脱有线网络的束缚。

本章主要介绍 WLAN 相关内容,包括 WLAN 基本概念、WLAN 组网原理、WLAN 拓扑结构、WLAN 组网方式以及 WLAN 故障处理。

思考与练习

1. WLAN 拓扑结构有哪些类型? 特点是什么?

2. Ping 可实现什么功能?

自我检测

1. 显示设备的运行参数,使用的命令是(　　)。

A. Ping 命令　　　　　　　　　　　B. Display 命令

C. Trace 命令　　　　　　　　　　 D. Debug 命令

2. 不属于 WLAN 的组网方式是(　　)。

A. 胖 AP 设备的典型组网　　　　　B. 企业网络的组网模式

C. 瘦 AP 设备组网方式　　　　　　D. 家庭网络的组网模式

第7章 网络安全

【本章导读】

随着计算机网络技术的发展,网络中的安全问题日益突出。如今各个部门都要使用网络,在网络中大量存储和传输的数据需要保护。由于网络安全是另外一门专业学科,所以本章只对网络安全中的基本内容进行初步介绍。

【学习目标】

1. 了解网络安全基本概念。
2. 掌握操作系统与主机安全机制。
3. 熟悉网络安全攻防技术。
4. 了解密码学基本概念。
5. 熟悉网络安全运营。

7.1 网络安全概述

网络安全包含两层含义,即确保计算机网络环境下信息系统的安全运行和在信息系统中存储、处理和传输的信息受到安全保护。这就是通常所说的保证网络系统运行的可靠性,确保信息的保密性、完整性和可用性。

由于现代数据处理系统都是建立在计算机网络基础上的,计算机网络安全也就是信息系统安全。网络安全同样也包括系统安全运行和系统信息安全保护两方面,即网络安全是对信息系统的安全运行和对运行在信息系统中的信息进行安全保护(包括信息的保密性、完整性和可用性保护)的统称。

信息系统的安全运行是信息系统提供有效服务(即可用性)的前提,信息的安全保护主要是确保数据信息的保密性和完整性。

7.1.1 网络安全的概念

1.网络安全的基本概念

网络安全是指网络系统的硬件、软件及其系统中的数据受到保护,不受偶然的因素或恶意的攻击而遭到破坏、更改、泄露,系统能连续可靠地正常运行,网络服务不中断。

网络安全是一个涉及计算机科学、网络技术、通信技术、密码技术、信息安全技术、应用数学、数论和信息论等多种学科的边缘学科。

2.网络安全

网络安全包括物理安全、人员安全、符合瞬时电磁脉冲辐射标准(Transient Electro－
Magnetic Pulse Emanation Standard,TEMPEST)、信息安全、操作安全、通信安全、计算机
安全和工业安全,如图 7-1 所示。

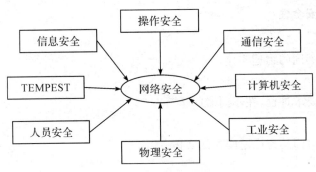

图 7-1 网络安全的组成

3.网络安全基本特征

1)保密性

指信息不泄露给非授权用户、实体或过程,或供其利用的特性,即敏感数据在传播或存
储介质中不会被有意或无意泄露。

2)完整性

指数据未经授权不能进行改变的特性,即信息在存储或传输过程中,保持不被修改,不
被破坏和丢失。

3)可用性

指信息可被授权实体访问并按需求使用的特性,即当需要时允许存取所需的信息。

4)可控性

指信息的传播及内容具有控制能力的特性。

4.相关技术

1)数据加密技术

由形形色色的加密算法来具体实施。

2)信息确认技术

通过严格限定信息的共享范围来防止信息被非法伪造、篡改和假冒。

3)防火墙技术

防火墙系统是一种网络安全部件,它可以是硬件,也可以是软件,还可以是硬件和软件
的结合。

4)网络安全扫描技术

主要有网络远程安全扫描、防火墙系统扫描、Web 网站扫描、系统安全扫描等几种方式。

5)网络入侵检测技术

实现网络安全检测和实施攻击识别,但它只能作为网络安全的一个重要安全组件。

6)黑客诱骗技术

通过一个网络安全专家精心设置的特殊系统来引诱黑客,并对黑客进行跟踪和记录。

7.2　操作系统与主机安全

7.2.1　操作系统安全

1.操作系统的安全性

1)物理上分离

要求进程使用不同的物理实体。

2)时间上分离

具有不同安全要求进程,在不同时间运行。

3)逻辑上分离

要求进程不能访问其允许范围外的实体。

4)密码上分离

要求进程隐蔽数据及计算。

2.操作系统安全的主要目标

(1)依据系统安全策略对用户的操作进行访问控制,防止用户对计算机资源进行非法访问(窃取、篡改或破坏)。

(2)标识系统中的用户和进行身份鉴别。

(3)监督系统运行时的安全性。

(4)保证系统自身的安全性和完整性。

7.2.2　操作系统的安全机制

1.操作系统安全功能

一个安全的操作系统应该具有以下功能。

1)有选择地访问控制

对计算机的访问可以通过用户名和密码组合及物理限制来控制;对目录或文件级的访问则可以由用户和组策略来控制。

2)内存管理与对象重用

系统中的内存管理器必须能够隔离每个不同进程所使用的内存。在进程终止且内存将被重用之前,必须将内容清空。

3)审计能力

安全系统应该具备审计能力,以便测试其完整性,并可追踪任何可能的安全破坏活动。审计功能至少包括可配置的事件跟踪、事件浏览和报表、审计事件、审计日志访问等。

4)加密数据传送

加密数据传送保证了在网络传送中所截获的信息不能被未经身份认证的代理所访问。针对窃听和篡改,加密数据具有很强的保护作用。

5)加密文件系统

对文件系统加密保证了文件只能被具有访问权的用户所访问。文件加密和解密的方式对用户来说应该是透明的。

6)安全进程间通信

进程间通信也是给系统安全带来威胁的一个主要因素,应对进程间的通信机制做一些必要的安全检查。

2.操作系统的安全设计

操作系统的安全性涉及整个操作系统的设计和结构,所以在设计操作系统时应多方面考虑安全性的要求。下面是操作安全系统设计的一些原则:

①最小权限;

②机制经济性;

③开放式设计;

④完整策划;

⑤权限分离;

⑥最少通用机制。

可共享实体提供了信息流的潜在通道,为防止这种共享的威胁系统采取物理或逻辑分离的措施。

3.操作系统的安全配置

操作系统安全配置主要是指操作系统访问控制权限的合理设置、系统的及时更新以及对攻击的防范三个方面。

1)合理设置

利用操作系统的访问控制功能,为用户和文件系统建立恰当的访问权限控制。

2)及时更新

及时地更新系统,能修正操作系统中已发现的问题,可使整个系统的安全性、稳定性、易用性得到大幅度提高。

3)攻击防范

攻击防范主要是指对于各种可能的攻击,比如利用系统缓冲区溢出攻击等进行合理的预先防范。对各类攻击的防范是操作系统安全防护的一个重要内容,应包括以下几方面。

①用户认证能力。操作系统的许多保护措施基于鉴别系统的合法用户,身份鉴别是操作系统中相当重要的一个方面,也是用户获取权限的关键。为防止非法用户存取系统资源,操作系统采取了切实可行的、极为严密的安全措施。

②抵御恶意破坏能力。恶意破坏可以使用安全漏洞扫描工具、特洛伊木马、计算机病毒等方法实现。一个安全的操作系统应该尽可能减少漏洞,避免各种后门出现。

③监控和审计日志能力。从技术管理的角度考虑,可以从监控和审计日志两个方面提高系统的安全性。

④监控可以检测和发现可能违反系统安全的活动。例如,在分时系统中,记录一个用户登录时输入不正确口令的次数,当超过一定的次数时,系统会认为该用户在猜测口令,可能是非法用户。

⑤日志文件可以帮助用户更容易发现非法入侵的行为,可以利用它综合各方面的信息,发现故障的原因、侵入的来源以及系统被破坏的范围。

7.3　网络安全攻防

随着互联网的迅猛发展,一些"信息垃圾"、"邮件炸弹"、"病毒木马"、"网络黑客"等越来越多,威胁着网络的安全。而网络攻击是主要的威胁来源之一,所以有效地防范网络攻击势在必行,一个能真正能有效应对网络攻击的高手应做到知己知彼。

7.3.1　网络攻击技术

网络攻击是指利用安全缺陷或不当配置对网络信息系统的硬件、软件或通信协议进行攻击,损害网络信息系统的完整性、可用性、机密性和抗抵赖性,导致被攻击信息系统敏感信息泄露、非授权访问、服务质量下降等。

1. 网络攻击的分类

网络攻击的分类维度非常多,从不同角度区分可以得到不同的分类结果。从攻击的目的来看,可以分为拒绝服务(denial of service,DoS)攻击、获取系统权限的攻击、获取敏感信息的攻击等;从攻击的机理来看,有缓冲区溢出攻击、结构查询语言(structure query language,SQL)注入攻击等;从攻击的实施过程来看,有获取初级权限的攻击、提升最高权限的攻击、后门控制攻击等;从攻击的实施对象来看,包括对操作系统的攻击、对网络设备的攻击、对特定应用系统的攻击等。所以,很难以一个统一的模式对各种攻击手段进行分类。

按照攻击发生时攻击者与被攻击者之间的交互关系进行分类,可以将网络攻击分为本地攻击(local attack)、主动攻击(server-side attack,亦称服务端攻击)、被动攻击(client-side attack,亦称客户端攻击)、中间人攻击(man-in-middle attack)四种。这种分类方法能够帮助我们较好地理解攻击的原理和攻击的发起方式,在此基础上,可较好地归纳对应的防御策略与方法。下面分别讨论这四类攻击的基本概念与特点。

1)本地攻击

本地攻击指攻击者通过实际接触被攻击的主机而实施的攻击。

攻击者通过实际接触被攻击的计算机,既可以直接窃取或破坏被攻击者的账号、密码和硬盘内的各类信息,又可以在被攻击主机内植入特定的程序,如木马程序,以便将来能够远程控制该机器。本地攻击比较难以防御,因为攻击者往往是能够接触物理设备的用户,并且对目标网络的防护手段非常熟悉。防御本地攻击主要依靠严格的安全管理制度。

2)主动攻击

主动攻击指攻击者对被攻击主机所运行的 Web、FTP、Telnet 等开放网络服务实施攻击。

利用目标网络服务程序中存在的安全缺陷或者不当配置,攻击者可获取目标主机权限,并进一步将虚假信息、垃圾数据、计算机病毒或木马程序等植入系统内部,从而破坏信息系统的机密性和完整性。主动攻击包括漏洞扫描、远程口令猜解、远程控制、信息窃取、信息篡改、拒绝服务攻击等攻击方法。防御主动攻击的主要思路是:通过技术手段或安全策略加固系统所开放的网络服务。

3)被动攻击

被动攻击指攻击者对被攻击主机的客户程序实施攻击,如攻击浏览器、邮件接收程序、文字处理程序等。

在发动被动攻击时,攻击者常常先通过电子邮件或即时通信软件等向目标用户发送诱骗信息。如果用户被蒙骗而打开邮件中的恶意附件或者访问恶意网站,恶意附件或恶意网站就会利用用户系统中的安全缺陷与不当配置取得目标主机的合法权限。被动攻击包括跨站脚本攻击、网站挂马攻击等攻击方法。

由于被动攻击通常从诱骗开始,因此社会工程学在被动攻击中应用广泛且作用关键。社会工程学是一种操纵他人采取特定行动的行为,该行动不一定符合目标人的最佳利益,其结果包括获取信息、取得访问权限或让目标采取特定的行动。

要防御被动攻击,一方面应对系统以及网络应用中的客户程序进行安全加固,另一方面应加强安全意识以辨识并应对网络攻击中的社会工程学手段。

4)中间人攻击

中间人攻击指攻击者处于被攻击主机的某个网络应用的中间人位置,实施数据窃听、破坏或篡改等攻击。

这种攻击方法是通过各种技术手段将一台受攻击者控制的计算机置于客户程序和服务器的服务通信之间,这台计算机即为"中间人"。攻击者使用"中间人"冒充客户身份与服务器通信,同时冒充服务器的身份与客户程序通信,并在此过程中读取或修改传递的信息。在整个攻击过程中,"中间人"对于客户程序和服务器而言是透明的,客户程序和服务器均难以觉察到"中间人"的存在。这种"拦截数据—修改数据—发送数据"的攻击方法有时也称为劫持攻击。

防御中间人攻击的主要思路是:为网络通信提供可靠的认证与加密机制,以确保通信双方身份的合法性和通信内容的机密性与完整性。

2. 网络攻击的步骤与方法

蓄意的网络攻击是防御者面临的主要网络安全威胁。学会从攻击者的角度思考,有助于更好地认识攻击,理解攻击技术的实质,进而实施有效的防御。一个完整的、有预谋的攻击往往可以分为收集信息、获取权限、安装后门、扩大影响、消除痕迹五个阶段。下面简要介绍攻击者在五个阶段的任务目标和内容方法。

1)收集信息

攻击者在收集信息阶段的主要目的是尽可能多地收集目标的相关信息,为后续的"精确攻击"奠定基础。

为更好地开展后续攻击,攻击者重点收集的信息包括网络信息(域名、IP 地址、网络拓扑)、系统信息(操作系统版本、开放的各种网络服务版本)、用户信息(用户标识、组标识、共享资源、邮件账号、即时通信软件账号)等。

攻击者可以直接对目标网络进行扫描探测,通过技术手段分析判断目标网络中主机的存活情况、端口开放情况、操作系统和应用软件的类型与版本信息等。除了对目标网络进行扫描探测,攻击者还会利用各种渠道尽可能地了解攻击目标的类型和工作模式,可能会借助以下方式:互联网搜索、社会工程学、垃圾数据搜寻、域名管理/搜索服务。

攻击者所开展的信息收集活动通常没有直接危害,有些甚至不需要与目标网络交互,所以很难防范。随着越来越多的信息被数字化、网络化,很多安全相关的信息也越来越容易在网络上通过搜索得到。依托社会工程学,内部人员往往在无意中就向攻击者泄露了关键的安全信息。收集信息是耗费时间最长的阶段,可能会持续几个星期甚至几个月。随着信息收集活动的深入,公司的组织结构、潜在的信息系统漏洞就会逐步被攻击者发现,收集信息阶段的目的也就达到了。

2)获取权限

攻击者在获取权限阶段的主要目的是获取目标系统的读、写、执行等权限。

现代操作系统将用户划分为超级用户、普通用户等若干类别,并按类别赋予用户不同的权限,以进行细粒度的安全管理。得到超级用户的权限是一个攻击者在单个系统中的终极目标,因为得到超级用户的权限就意味着对目标有了完全控制权,包括对所有资源的使用以及对所有文件的读、写和执行权限。相对超级用户来说,普通用户权限的安全防范可能会弱一些。得到普通用户权限可以对目标中某些资源进行访问,比如对特定目录进行读写;同时,得到普通用户权限将为进一步得到超级用户权限提供更多的可能。

攻击者在这一阶段会使用收集信息阶段得到的各种信息,通过猜测用户账号口令、利用系统或应用软件漏洞等对目标实施攻击,获取一定的目标系统权限。具体需要得到什么级别的权限取决于攻击者的攻击目的。如果攻击者只是想修改 Web 服务器的主页面,则可能只需取得普通用户权限;但要想窃取系统口令或植入木马对系统进行长期稳定的控制,则可能需要获得超级用户权限。

3)安装后门

在安装后门阶段,攻击者的主要目的是在目标系统中安装后门或木马程序,从而以更加方便、更加隐蔽的方式对目标系统进行长期操控。

攻击者在成功入侵一个系统后,会反复地进入该系统,盗用系统的资源、窃取系统内的敏感信息,甚至以该系统为"跳板"攻击其他目标。为了能够方便地出入系统,攻击者会在目标中安装后门或木马程序。后门或木马程序不仅为攻击者的再次进入提供了通道,也为攻击者操控目标系统提供了各种方便的功能。

安装后门阶段运用的技术主要是恶意代码相关技术,包括隐藏技术、通信机制、生存性技术等。恶意代码是后门、木马、蠕虫等各类恶意程序的统称,虽然不同类型的恶意代码的功能、特点不同,但对抗各种网络或系统安全机制,特别是对抗杀毒软件是所有恶意代码的共同需求。恶意代码需要隐藏自身,包括文件、进程和启动信息,防止被安全软件或管理员发现;需要建立隐蔽的通信通道,保证与攻击者有效、安全地通信;需要对抗程序分析,尽量延长其生命周期,同时隐藏恶意软件的真实意图。

4)扩大影响

攻击者在该阶段的主要目的是以目标系统为"跳板",对目标所属网络的其他主机进行攻击,最大限度地扩大攻击的效果。

如果攻击者所攻陷的系统处于某个局域网中,攻击者就可以很容易地利用内部网络环境和各种手段在局域网内扩大其影响。内部网的攻击由于避开了防火墙、NAT 等网络安全工具的防范而更容易实施,也更容易得手。

扩大影响是指攻击者使用网络内部的一台机器作为中转点,进一步攻克网络中其他机器的过程。它使用的技术手段涵盖了远程攻击的所有攻击方式;而且由于在局域网内部,其攻击手段也更为丰富、有效。嗅探技术和假消息攻击均为有效的、扩大影响的攻击方法。

目前互联网使用的 TCP/IP 在安全上存在两个方面的重大不足：一是缺乏系统、有效的认证机制，第三方容易冒充合法用户身份发起或接收通信；二是缺乏系统、有效的加密机制，通信过程和通信内容容易被第三方窃取。嗅探技术和假消息攻击技术正是利用了 TCP/IP 的这两大不足，从而协助攻击者完成扩大影响阶段的各项任务，达到目的。此外，局域网作为内部网络，常常会被网络设计者与使用者想当然地视作相对安全的网络，这也给攻击者实施扩大影响阶段的任务提供了更多的便利。

5）消除痕迹

攻击者在消除痕迹阶段的主要目的是清除攻击的痕迹，以便尽可能长久地对目标进行控制，并防止被识别、追踪。

这一阶段是攻击者打扫战场的阶段，其目的是消除一切攻击的痕迹，尽量使管理员觉察不到系统已被入侵，至少也要做到使管理员无法找到攻击的发源地。消除痕迹的主要方法是针对目标所采取的安全措施清除各种日志及审计信息。

攻击者在获得系统最高的管理员权限之后就可以随意修改系统中的文件，包括各种系统和应用日志。攻击者要想隐藏自己的踪迹，一般都需要对日志进行修改。最简单的方法是删除整个日志文件，但这样做虽然避免了系统管理员根据日志信息进行分析追踪，但也明确无误地告知管理员，系统已经被入侵了。因此，更精细的做法是只对日志文件中攻击的相关部分删除或修改。修改方法的具体技术细节则因操作系统和应用程序的不同而有所区别。

消除痕迹虽然是攻击的一个重要阶段，但并未形成系统的技术内容，因此本书没有设置单独的章节详细讨论该问题。

3. 网络攻击的发展趋势

随着现代网络与信息技术对社会影响的深入，网络安全问题势必会受到越来越多的关注。当掌握着更多资源的组织、团体试图通过网络攻击谋取利益时，网络攻击涉及的领域必然会越来越多，网络攻击技术必然会越来越复杂，网络攻防的对抗必然会越来越激烈。从近几年的网络安全事件以及其中涉及的攻击技术可以看出以下几个明显的发展趋势。

1）攻击影响日益深远

1988 年，Morris 蠕虫的爆发造成了当时互联网的瘫痪，但当时互联网还只是少数科学家、学者的试验床和提升效率的工具，对普通大众并无大的影响。而 2003 年"冲击波"和 2004 年"震荡波"两波病毒的暴发，给当时经历了这场事件的人们留下了深刻印象。2016 年 10 月，攻击者使用 Mirai 蠕虫组建的僵尸网络对域名解析服务器提供商 Dyn 发动分布式拒绝服务攻击，使得美国东海岸地区大面积网络瘫痪。2016 年美国大选期间，不断有黑客组织攻入竞选党派的办公网络，或在维基解密上发布足以影响选举局势的文件或消息。可以看到，网络攻击影响的范围不断扩大，影响的程度日益加剧。

网络攻击的这一发展趋势是互联网的作用决定的。自互联网诞生以来，网络的作用越来越大，几乎渗透了人们生活的各个方面。人们使用互联网接收信息、查阅资料、互相交流，使用互联网娱乐、购物，借助互联网出行、办公等。在网络成为现代社会不可或缺的工具的同时，网络攻击的影响力自然也日益增加。

2）攻击领域不断拓展

互联网是目前最大的计算机网络，本书所探讨的网络攻击与防御技术的背景主要是以计算机为主体的互联网,但这并不意味着网络攻击只限于这个范畴的互联网。事实上,近年来的一些网络攻击事件表明,网络攻击正向工业控制网络、物联网、车联网等领域拓展。2010 年,"震网"病毒攻击了伊朗的布什尔核电站的离心机。2017 年,在美国拉斯维加斯举办的一年一度的 BlackHat 大会上,研究者分享了远程入侵特斯拉汽车的技术细节。在近几年的各种黑客大会上,针对无人机、刷卡机、智能家电、智能开关等各种联网设备的攻击不断呈现在大众面前。

计算机网络技术在共享、协作等方面的优势,使其不断地被应用于传统行业和传统技术的改造与革新,而物联网技术的飞速发展,也使人们逐步迈入一个万物互联的时代。传统计算机网络领域中存在的安全问题在这些新领域中仍将存在,而传统计算机网络中发展出的网络攻击技术在这些新领域中也将获得新的发展。

3)攻击技术愈加精细

近几年,一些黑客组织攻击了某些国家的情报机构或者专门研制"网络攻击武器"的"网络军火商",并在互联网上公布了所获取的一些网络攻击武器。分析这些网络攻击武器可以发现,攻击技术越来越复杂、精细。例如,2015 年 5 月,黑客攻击意大利"网络军火商"Hacking Team,并在推特(Twitter)上公开发布了其获取的超过 400GB 数据的下载链接,这些数据包括公司往来信件、工具源码、文档等。泄露的工具包含零日漏洞、大量针对移动智能终端的监控工具、可以在统一可扩展固件接口(unified extensible firmware interface,UEFI)中存活的监控工具等。2016 年 8 月至 2017 年 5 月,黑客组织"影子经纪人"多次在互联网上拍卖或免费发布大量网络攻击工具集。这些攻击工具集包含多个零日漏洞的漏洞利用工具,可有针对性地攻击某些知名品牌的企业级防火墙、防病毒软件等软硬件。2017 年在全球范围内爆发的 Wannacry 勒索病毒,主要就是借鉴了工具集中名为"永恒之蓝"(Eternal Blue)的漏洞利用工具。

攻击技术精细化的主要原因是攻击者主体的变化。从最早只是以"炫技"为目的的黑客,到今天大量的具有国家背景的高级可持续性攻击(advanced persistent threat,APT)组织,攻击者变得有组织、有规模,而且整体能力越来越强,能够调动的资源越来越多。同时,随着攻防对抗的加强,攻击工具的针对性越来越强,对攻击技术的隐蔽性、可靠性要求也越来越高。新的攻击技术呈现出精细化的趋势。

除了上面总结的攻击影响日益深远、攻击领域不断拓展、攻击技术愈加精细之外,网络攻击还有一些明显特点与趋势,比如供应链安全成为攻防双方角力的重要战场,数据泄露问题将导致更为严重的后果等。在加速推进信息化、享受信息化带来的益处的过程中,我们应当加倍重视安全威胁问题。如果没有更进一步的信息化与安全的同步建设,没有安全与发展同步推进,安全防御将依然无法有效展开。

7.3.2　网络安全防御技术

为了抵御网络威胁,并能及时发现网络攻击线索,修补有关漏洞,记录、审计网络访问日志,尽可能地保护网络环境安全,应采取以下网络安全防御技术。

1.防火墙

防火墙是一种较早使用、实用性很强的网络安全防御技术,它阻挡对网络的非法访问和不安全数据的传递,使得本地系统和网络免于受到许多网络安全威胁。在网络安全中,防火墙主要用于逻辑隔离外部网络与受保护的内部网络。防火墙主要是实现网络安全的策略，而这种策略是预先定义好的，所以是一种静态安全技术。在策略中涉及的网络访问行为可以实施有效管理，而策略之外的网络访问行为则无法控制。防火墙的安全策略由安全规则表示。

2. 入侵检测与防护

入侵检测与防护的技术主要有两种：入侵检测系统（intrusion detection system，IDS）和入侵防御系统（intrusion prevention system，IPS）。IDS 注重的是网络安全状况的监管，通过监视网络或系统资源，寻找违反安全策略的行为或攻击迹缘，并发出警报。因此绝大多数 IDS 系统不是被动的。

IPS 则倾向于提供主动防护，注重对入侵行为的控制。其设计宗旨是预先对入侵活动和攻击性网络流量进行拦截，避免其造成损失。IPS 是通过直接嵌入网络流量中实现这一功能的，即通过网络端口接收来自外部系统的流量，经过检查确认不包含异常活动或可疑内容后，通过另外一个端口将它传送到内部系统中。这样一来，有问题的数据包和所有来自同一数据流的后续数据包，都能在 IPS 设备中被清除掉。

3. VPN

VPN 是依靠互联网服务提供商和其他网络业务提供商，在公用网络中建立专用的、安全的数据通信通道的技术。VPN 可以认为是加密和认证技术在网络传输中的应用。

VPN 网络连接由客户机、传输介质和服务器三部分组成，VPN 的连接不是采用物理的传输介质，而是使用称为"隧道"的技术作为传输介质，这个隧道是建立在公共网络或专用网络基础之上的。常见的隧道技术包括点对点隧道协议（point to point tunneling protocol，PPTP）、第 2 层隧道协议（layer 2 tunneling protocol，L2TP）和 IP 安全协议（IPSec）。

4. 安全扫描

安全扫描包括漏洞扫描、端口扫描、密码类扫描（发现弱口令密码）等。

安全扫描可以应用被称为扫描器的软件来完成，扫描器是最有效的网络安全检测工具之一，它可以自动检测远程或本地主机、网络系统的安全弱点以及所存在可能被利用的系统漏洞。

5. 网络蜜罐技术

蜜罐（honeypot）技术是一种主动防御技术，是入侵检测技术的一个重要发展方向，也是一个"诱捕"攻击者的陷阱。蜜罐系统是一个包含漏洞的诱骗系统，它通过模拟一个或多个易受攻击的主机和服务，给攻击者提供一个容易攻击的目标。攻击者往往在蜜罐上浪费时间，延缓对真正目标的攻击。蜜罐技术的特性和原理使得它可以对入侵的取证提供重要的信息和有用的线索，便于研究入侵者的攻击行为。

特别需要指出的是，随着无线网络和移动互联网的广泛应用，无线网的安全防护越来越重要，与有线网络相比，无线网络所面临的安全威胁更加严重。所有常规有线网络中存在的安全威胁和隐患都依然存在于无线网络中：外部人员可以通过无线网络绕过防火墙，对专用网络进行非授权访问；无线网络传输的信息容易被窃取、篡改和插入；无线网络容易受到拒绝服务攻击和干扰；内部员工可以设置无线网卡以端对端模式与外部员工直接连接。常见的无线网络安全技术包括无线公开密钥基础设施（wireless public key infrastructure，WP-

KI)、有线等效加密（wired equivalent privacy，WEP）、Wi-Fi 网络安全接入（WPA/WPA2）、无线局域网鉴别和保密体系（wireless LAN authentication and privacy infrastructure，WA-PI)、IEEE 802.11i 等。

7.4　密码学

7.4.1　密码学的基本概念

密码学是一门古老又现代的学科，古代密码学是以神秘性和艺术性的字谜呈现的，而现代密码学，作为数学、计算机、电子、通信、网络的一门交叉学科，广泛应用于军事、商业和现代社会人们生产生活的方方面面。随着密码学的不断发展，它已经成为构建安全信息系统的核心。

7.4.2　密码学的发展历史

1.古典密码学阶段

如图 7-2 所示，典型范例是凯撒密码，凯撒密码采用位移加密手段，通过位移对字符进行加密，规则很简单，破解也非常简单，此阶段的密码只依赖于算法。

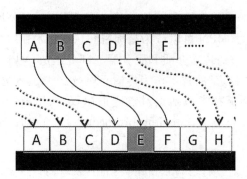

图 7-2　凯撒密码位移加密规则对照(部分)

20 世纪 20 年代，随着机械和机电技术的成熟，转轮密码机(简称转轮机)诞生了，它的出现是古典密码学发展成熟的重要标志之一，为密码学应用带来巨大变化，但是密码算法安全性仍取决于密码算法本身的保密性。

2.近代密码学阶段

1949 年，香农发表了划时代的论文——《保密系统的通信原理》，将创立的信息论的概念和方法进一步改进、发展，并阐明了关于密码系统的分析、评价和设计的科学思想，此论文将已经有数千年历史的密码学引导到了科学的轨道上，奠定了密码学的理论基础。密码学由此进入近代密码阶段，且成为一门学科。

3.现代密码学阶段

现代密码学阶段自 1976 年开始，迪菲有和赫尔曼公布了一种密钥一致性算法，也就是迪菲-赫尔曼算法，简称 DH(Diffie-Hellman)算法。DH 算法不仅仅是一种加密算法，而且是一种密钥建立的算法，它开启了密码学新的方向，标志着密码学进入公钥密码学的时代。密码学由此进入现代密码学阶段并一直发展至今。

7.4.3　基本保密通信模型

1.密码学的组成

密码学包括密码编码学和密码分析学两部分。

(1)密码编码学:研究信息的编码,构建各种安全有效的密码算法和协议,用于消息加密、认证等方面。

(2)密码分析学:研究破译密码,从而获取消息,或者对消息进行伪造。

2.传统密码学与现代密码学

(1)传统密码学:主要用于保密通信,其基本目的是使得两个在不安全的信道当中的实体,以一种对手不能明白通信内容的方式进行通信。

(2)现代密码学:已经涵盖数据处理的各个环节,如数据加密、密码分析、数字签名、身份识别、零知识抵抗、秘密分享等。通过以密码学为核心理论与技术保证数据的机密性、完整性、抗抵赖性等安全属性。

3.基本保密通信模型

通信的参与者包括消息的发送与接收方,潜在的密码分析者是在双方通信中,既非发送方又非接收方的实体,它试图通过种种方式对发送方和接收方之间的安全服务进行攻击,获取或者篡改传输消息。

如图 7-3 所示,发送方要传递消息(明文)给接收方,使用事先和接收方约定好的方法,用加密密钥加密消息,当接收方收到加过密的消息(密文)时,使用解密密钥将密文解密成明文。

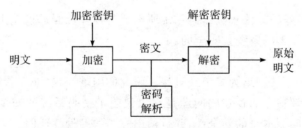

图 7-3　基本保密通信模型

基本保密通信模型中的相关概念如下。

(1)明文:不需要任何解密工具就可以读懂内容的原始消息。

(2)密文:明文经过加密后变换成的一种在通常情况下无法读懂内容的消息。

(3)加密:由明文转换成密文的过程。

(4)解密:由密文转换成明文的过程。

(5)加/解密算法:对明文进行加密时采取的一组规则称作加密算法,密文的接收方对密文进行解密时采取的一组规则称为解密算法。

(6)密钥:在将明文转换为密文或将密文转换为明文的算法中输入的参数。

4.密码系统的安全性

影响密码系统安全性的基本因素包括密码算法复杂度、密钥机密性和密钥长度等。所使用密码算法本身的复杂程度或保密轻度取决于密码设计水平、破译技术等,它是密码系统安全性的保证。

柯克霍夫准则:密码系统中的算法即使为密码分析者所知,对推导出明文或密钥也没有帮助。此准则是由荷兰密码学家柯克霍夫于 1883 年在其名作《军事密码学》中提出的密码学的基本假设,这一原则已被后人广泛接受,并成为密码系统设计的重要原则之一。柯克霍夫准则是指评定一个密码体系的安全性,即使攻击方知道所有目前已经使用的密码学方法,也无法对密码体系进行破解。

系统的保密性不依赖于对加密体制或算法保密,而依赖于密钥。若密码体系的安全性依赖于算法,那么攻击者可能通过逆向工程分析的方法最终获取密码算法,或通过收集大量的明文/密文对来分析、破解密码算法。甚至因实际使用中由了解一些算法内部机理的人有意无意泄露算法原理而导致密码体系失败。

密钥的安全管理是密码技术应用中非常重要的环节,只要密钥安全,不容易被攻击者得到,就能保障实际通信或者加密数据的安全,在安全策略的指导下处理密钥自产生到最终销毁的整个过程,包括密钥的产生、存储、备份/恢复、装入、分配、保护、更新、泄露、撤销、销毁等。

密钥管理本身就很复杂,是保证密码安全的关键。密钥管理方法因所使用的密码体制而异。

5.密码系统安全性评估方法

1)无条件安全性

假定攻击者拥有无限的计算资源,也无法破译该密码系统。

2)计算安全性

假如使用目前最好的方法攻破密码系统所需要的计算资源远远超出攻击者拥有的计算资源,则可以认为这个密码系统是安全的。

3)可证明安全性

将密码系统的安全性归结为某个经过深入研究的困难问题(如大整数素因子分解、计算离散对数等)。这种评估方法存在的问题是它只说明了密码系统的安全性与某个困难问题相关,没有完全证明问题本身的安全性,并且给出它们的等价性证明。

6.密码系统实际应用的安全准则

实际使用的密码系统,由于至少存在一种破译方法——暴力攻击法,因此都不能满足无条件安全性,只能达到计算安全性。密码系统要达到实际安全,就要满足以下准则之一。

(1)破译该密码系统的实际计算量(包括计算时间和费用)巨大,以至于在实际中是无法实现的。

(2)破译该密码系统所需要的计算时间超过被加密信息的生命周期。

(3)破译该密码系统的费用超过被加密信息本身的价值。

7.对称密码算法

1)定义

对称密码算法也称为传统密码算法、秘密密钥算法或者单密钥算法。加密与解密密钥相同,或实质上相同,即加密与解密密钥可相互推导。在大多数对称算法中,加密密钥和解密密钥是相同的。

2）保密问题

在对称密码算法下，双方通信的安全性就依赖于密钥，泄露密钥意味着任何人都能对消息进行加密与解密。通信要保密，则密钥必须保密。

3）对称密码算法的优缺点

优点：

①算法简单、计算量小；

②加密速度快、加密效率高；

③适合加密大量数据，明文长度与密文长度相同。

缺点：

①通信双方要进行加密通信，需要通过秘密的安全信道协商加密密钥，而这种信道很难实现。

②在有多个用户的网络中，任何两个用户之间都需要有共享的密钥。若两个用户分别采取不同的对称密钥，当用户数量很大时，需要管理的密钥数量非常大，密钥管理成为难点。

③无法解决对消息篡改、否认等问题。当 A 收到 B 的文件时，无法向第三方证明此文件确实来源于 B。

典型的对称密码算法有数据加密标准（data encryption standard，DES）、国际数据加密算法（international data encryption algorithm，IDEA）、高级加密标准（advanced encryption standard，AES）、RC5、Twofish、CAST-256、MARS 等。

8. 非对称密码算法

1）定义

非对称密码算法也称为公钥密码算法。针对传统密码算法体制存在的问题进行了改进。1976 年迪菲和赫尔曼提出了非对称密码的新思想，即加密密钥与解密密钥不同。

2）原理

非对称密码体制的密钥由公开密钥（公钥）和私有密钥（私钥）组成，公钥与私钥成对使用，若用公钥对数据进行加密，则只有用对应的私钥才能解密；若用私钥对数据进行加密，那么只有用对应的公钥才能解密。因为加密和解密使用的是两个不同的密钥。

3）典型的公钥密码体制

与对称密码不同的是，公钥密码体制建立在数学函数的基础上，而不是基于替代和置换操作。如基于背包问题的 Merkle-Hellman 背包公钥密码体制、基于整数因子分解问题的 RSA 和 Rabin 公钥密码体制、基于有限域中离散对数问题的 ElGamal 公钥密码体制、基于椭圆曲线上离散对数问题的椭圆曲线公钥密码体制等。

4）公钥密码算法的优缺点

优点：

①解决了密钥传递问题，大大减小了密钥持有量。

②提供了对称密码技术无法或很难提供的认证服务（如数字签名）。

缺点：

计算复杂，耗用资源大，导致密文变长。

5)人们对于公钥密码的几种误解

①公钥密码更安全。任何一种现代密码算法的安全性都依赖于密钥长度、破译密码工作量,从抗密码分析角度评估,没有一方更优越。

②公钥密码算法使得对称密码算法成为过时技术。公钥密码算法计算速度较慢,加密数据的速率较低,通常用于密钥管理和数字签名。在实际应用中,人们通常将对称密码算法和公钥密码结合起来使用,因此对称密码算法没有过时,会长期存在。

③使用公钥密码实现密钥分配非常简单。使用公钥密码也需要某种形式的协议,通常包含一个可信中心,其处理过程并不比传统密码的密钥分配过程简单。

对称密码算法与非对称密码算法主要是针对窃听、业务流分析等形式的威胁,解决消息的机密性问题。而网络和系统还可能受到消息篡改、冒充和抵赖等形式的威胁,确保消息的完整性、真实性和不可否认性,就需要依靠其他的密码技术来实现。

9.哈希函数

1)哈希函数表达式

$$\text{Addr} = H(\text{key})$$

2)函数介绍

哈希函数也称单向散列函数,可以将任意有限长度信息映射为固定长度的值。哈希函数的主要作用就是通过生成的值判断信息的完整性,类似于信息的"指纹"。因为如果信息被篡改,那么篡改后的信息与原来信息的"指纹"就不一致了。通过比对,就能判断信息是否具备完整性。

3)安全的哈希函数需要满足的性质

①单向性:对任意给定的 h,寻求 x,使得 $H(x) = h$ 在计算上不可行。也就是说,可以由消息通过哈希函数计算出哈希值,但是不能由哈希值反向计算出消息的原始内容。

②弱抗碰撞性:任意给定分组 x,寻求不等于 x 的 y,使得 $H(y) = H(x)$ 在计算上不可行。也就是说,对于任意给定的信息,不能通过计算找到另外一个与该信息不一致的其他信息,两个信息计算出的哈希值是一样的。

③强抗碰撞性:寻求任意的 (x, y),使得 $H(x) = H(y)$ 在计算上不可行,也就是说,不能通过计算找到两个信息,它们计算出来的哈希值是一样的。

4)典型哈希算法

①消息摘要算法(message digest algorithm 5,MD5)RFC 1321,该算法以一个任意长的消息为输入,输出 128 位的消息摘要。

②安全哈希算法(secure Hash algorithm,SHA),包括 SHA-1、SHA-224、SHA-256、SHA-384、SHA-512 五个算法。SHA-1 算法是长度小于 2^{64} 的任意消息 x,输出 160 位的散列值。而后四个算法也通常被合称为 SHA-2 算法,与 SHA-1 算法相似,目前应用最广泛的是生成 256 位散列值的 SHA-256。SHA 算法在互联网中得到广泛应用,传输层安全(transport layer security,TLS)协议、安全套接层(secure sockets layer,SSL)、颇好保密性(pretty good privacy,PGP)协议、安全外壳(secure shell,SSH)协议、安全/多用途互联网网邮件扩展(secure/multipurpose internet mail extensions,S/MIME)协议和 IPsec 互联网安全协议中都使用 SHA 算法。

10.数字签名

1)定义

数字签名是非对称密码加密技术和数字摘要技术结合的应用。用于解决通信双方欺骗或者抵赖问题,如数据发送方拒绝承认自己发送了数据或者拒绝承认发送数据的内容。

2)原理

使用哈希函数生成发送数据的哈希值并且提供给接收方,用于验证发送的数据是否完整,以实现数据完整性保护。同时,发送的数据使用发送方的私钥进行加密,由于私钥只有发送方拥有,若能使用发送方的公钥进行解密,就证明这个数据是发送方发出的,不是其他攻击者伪造的,发送方也无法对发出的数据进行抵赖。

3)数字签名特征

①不可伪造性:不知道签名者私钥前提下,攻击者无法伪造一个合法的数字签名,此性质使签名者接收方可确认消息来源。

②不可否认性:对普通的数字签名,任何人可用签名者公钥验证签名的有效性,由于私钥的私有性,签名者无法否认自己的签名。此性质使签名发送方无法否认是自己发出了消息。

③消息完整性:即消息防篡改。利用哈希函数对消息进行完整性鉴别,确保接收方接收到的消息未经篡改。

11.公钥基础设施

公钥基础设施(public key infrastructure,PKI)也称为公开密钥基础设施。PKI是一个包括硬件、软件、人员、策略和规程的集合,用来实现基于公钥密码体制的密钥和证书的产生、管理、存储、分发和撤销等功能。简单来说,PKI是一种遵循标准,利用公钥加密技术提供安全基础平台的技术和规范,能够为网络应用提供信任、加密以及密码服务的一种基本解决方案。PKI的本质是实现了大规模网络中的公钥分发,为大规模网络中的信任建立基础。

PKI一般包括证书签发机构(certificate authority,CA)、证书注册机构(registration authority,RA)、证书/CRL库和终端实体等部分。

1)CA

CA是证书签发机构,也称数字证书管理中心,它作为PKI管理实体和服务的提供者,管理用户数字证书的生成、发放、更新和撤销工作。CA是PKI的核心组成部分,PKI体系也往往称为PKI/CA体系。

数字证书是一段电子数据,是经过证书权威机构签名的、包含拥有者身份信息和公开密钥的数据体。由此,数字证书与一对公钥和私钥相对应,公钥以明文形式放到数字证书中,私钥则为拥有者所秘密掌控。数字证书有证书权威机构的签名,确保了其中信息的真实性,可以作为终端实体的身份证明。

2)RA

RA是证书注册机构,又称数字证书注册中心,是数字证书的申请、审核和注册中心,同时也是CA的延伸,在逻辑上RA和CA是一个整体,主要负责提供证书注册、审核以及发证功能。

3)证书/CRL库

证书/CRL库主要用来发布、存储数字证书和证书撤销列表(certificate revocation list,

CRL），提供用户查询、获取其他用户的数字证书和系统中的证书撤销列表。

4）终端实体

终端实体是指拥有公私密钥对和相应公钥证书的最终用户，可以是人、设备、进程。随着网络技术的发展，作为一种基础设施，PKI 的应用范围非常广泛，如应用于虚拟专用网（VPN）、安全电子邮件、Web 安全、电子商务/电子政务等。其中，基于 PKI 技术的 IPsec 协议现在已经成为架构 VPN 的基础，它可以为路由器之间、防火墙之间或者路由器和防火墙之间提供经过加密认证的通信。

通过 Web 进行的网上交易很容易带来网络欺诈、敏感信息泄露、信息篡改和拒绝服务攻击等安全问题。现在的标准浏览器都支持 SSL 协议，利用 PKI 技术，SSL 协议允许在浏览器和服务器之间进行加密通信。此外，还可以利用数字证书保证通信安全，服务器端和浏览器端分别由可信第三方颁发数字证书，这样在交易时，双方可以通过数字证书确认对方的身份。结合 SSL 协议和数字证书，PKI 技术可以满足 Web 交易多方面的安全需求。

7.5　网络安全运营

7.5.1　安全运营能力建设的意义

安全运营成为网络运营者持续不断思考、优化的命题与活动。安全运营是一系列规则、技术和应用的集合，用以保障组织核心业务平稳运行的相关活动；通过灵活、动态的实施控制以期达到组织和业务需要的整体范围可持续性正常运行。安全运营需要明确安全运营的目标，从系统性、动态性、实战性的角度加强认识。

1.系统性

一是组织业务自身的系统性和完整性，二是针对防护体系的系统性和完整性。安全运营需要将构成业务系统完整运行的各个要素看成一个整体，防护体系的构建能够完整、有效地梳理并覆盖安全风险，不因遗落或木桶原理而产生整体性影响。

2.动态性

信息技术的飞速发展使得网络攻击和防护水平能力不断提升，安全运营需要在不断迭代中提升管理和技术防护能力。同时，组织面临的网络安全风险层出不穷，除传统的外部攻击威胁外，地下黑产驱动的漏洞利用、内部员工主动恶意行为等都可促使组织业务系统的防护手段和方法与时俱进，安全运营更加具有针对性，并及时调整工作流程和行为规范。

3.实战性

网络攻击具有突发性、隐蔽性、潜伏性、持续性等特点，安全运营也需要保证良好的网络安全攻防状态，有应对经验和攻防能力储备。安全运营团队不断进行深入思考与刻意练习，始终保持良好的预警监测、分析研判、处置总结的能力。

因此，网络安全运营能力建设应坚持"事先防范、事中控制、事后处置"的理念，以安全治理为核心，以风险态势为导向，以安全合规为基础，结合组织基础安全能力，在人、技术、过程层面不断完善组织网络安全体系，满足安全运营的系统性、动态性和实战性的需求，不断提升组织安全防御能力。

7.5.2 安全运营能力建设的驱动力

1. 合规层面

2016 年 11 月,我国正式出台《中华人民共和国网络安全法》,标志着网络安全工作已上升到国家层面。《中华人民共和国网络安全法》第一章第五条规定:国家采取措施,监测、防御、处置来源于中华人民共和国境内外的网络安全风险和威胁,保护关键信息基础设施免受攻击、侵入、干扰和破坏,依法惩治网络违法犯罪活动,维护网络空间安全和秩序。第五章"监测预警与应急处置"则将监测预警机制提到了一个全新的高度,要求各行业和各领域均建立完善的网络安全监测预警机制。

2019 年 12 月 1 日《信息安全技术 网络安全等级保护基本要求》(GB/T 22239—2019)正式实施,宣告等级保护进入 2.0 时代。等级保护 2.0 提出网络安全战略规划目标,定级对象从传统的信息系统扩展到网络基础设施、信息系统、大数据、云计算平台、工业控制系统、物联网系统、采用移动互联技术的信息系统;网络安全综合防御体系包含安全技术体系、安全管理体系、风险管理体系、网络信任体系;覆盖全流程机制能力措施包括组织管理、机制建设、安全规划、安全监测、通告预警、应急处置、态势感知、能力建设、技术检测、安全可控、队伍建设、教育培训、经费保障。

2. 业务层面

随着组织的信息化程度不断加深,信息技术系统的复杂度与开放度随之提升,以人工智能、大数据、云计算、边缘计算等为基础的新技术带来组织业务发展的新模式,给传统的网络安全模型带来了巨大的挑战。人工智能与大数据对组织的运作基础起到了颠覆性的作用,组织以往的运营模式进入了依赖大量非结构化数据和无关数据的机器学习和深度学习建立模型的人工智能模式;而云计算和边缘计算使组织从传统的自建机房建设模式下的计算基础设施转换为集约化运营的云端以及业务成为可能,从新技术对网络安全影响的角度分析,呈现出无边界、零信任、不对称的趋势,对网络安全提出了重大的挑战。

1) 无边界

网络安全体系一个关键的理念是,无论从物理上还是从逻辑上都进行边界保护。但在目前的云计算、物联网、移动互联网技术演进带来的业务发展来看,这个边界的定义正面临前所未有的挑战。组织的信息技术系统依存的基础设施、物理环境从传统的自建过渡到公共互联网数据中心(internet data center,IDC)的租赁,硬件基础设施从传统的服务器、网络设备、存储发展到私有云建设,进一步延伸到公有云以及混合云的架构,信息技术系统从原来的业务功能模块化架构逐渐过渡到互联网企业的解决方案,把庞大笨重的业务功能模式架构拆解成无边界公共服务组合的业务模组,带来的不仅是建模、实施的复杂度,而且由于服务和运营可能是应用即服务的云计算模式,信息技术系统的边界也已经跨越了传统意义上的边界。

2) 零信任

对安全而言,一个绕不过去的核心概念是信任,诸多安全机构的调研结果证明,内部风险往往是网络安全的核心问题。传统意义上的信任包括人员的信任,那么如何识别内部人员的身份、角色与权限?而另一个关键问题是外包模式带来的信任问题,包括在供应链管理、合作伙伴管理基础上产生的人员信任问题,这些场景中,不仅有身份的识别与认证,还包括合格性的检查和监督管理。在信任的概念上,容易被忽视的是信息化系统的相关组件。在信息化系统开发、部署、实施过程中,除了购买商用的套件之外,组织为了满足高速的发展以及差异化带来的定制化需求,越来越多地采用第三方的开源软件,引入第三方的代码库,采用第三方的公共服务,而这些第三方的软件、组件、代码和公共服务的身份、权限往往可以访问组织的核心系统和核心资源,缺少信任机制的验证和监控,会带来重大的安全问题。数据同样是信任体系中不能被忽视的关键环节,在云计算、大数据、物联网、移动互联网背景下数据来源复杂、结构多样,如何确认数据的来源可靠,如何采集、传输、存储完整,可以信任是一个绕不过的问题。因此,在人员、设备、应用、接口、数据层面,在复杂的组织场景中,要将零信任作为网络信息安全的起点。

3)不对称

组织面对的攻击场景,不再是传统意义上的无差别攻击,而是具有针对性的、长期持久的 APT 攻击和精准打击,无论出于何种目的,组织一旦被作为攻击对象,就会面临巨大的攻防不对称性。黑客对组织进行全方位的攻击,而组织出于投入产出比的考虑,对网络安全保障体系建设投入的资源不是无限的。

小　结

本章主要介绍了网络安全基本概念、操作系统与主机安全、网络安全攻防、密码学基本概念、网络安全运营等内容。

思考与练习

1. 简述网络安全的基本概念和网络安全的基本特征。
2. 网络安全防御技术有哪些?

自我检测

1. 简述网络攻击的步骤和方法。
2. 简述密码学发展史。

第8章 计算机网络自动化过程解析

【本章导读】

计算产业的开放生态带来了通用硬件、操作系统、虚拟化、中间件、云计算、软件应用等多领域的蓬勃发展。网络产业也在不断寻求变革与发展,其中软件定义网络(software defined networking,SDN)与网络功能虚拟化(network functional virtualization,NFV),是备受瞩目的两个概念。网络工程领域不断出现新的协议、技术、交付和运维模式。传统网络面临云计算、人工智能等新连接需求的挑战。企业也在不断追求业务的敏捷性、灵活性和弹性。在这背景下,网络自动化变得越来越重要。网络编程与自动化旨在简化工程师网络配置、管理、监控和操作等相关工作,提高工程师部署和运维效率。

【学习目标】

1. 了解 OpenFlow 的基本原理。
2. 了解华为 SDN 解决方案。
3. 了解标准 NFV 架构。
4. 了解华为 NFV 解决方案。
5. 了解编程语言的分类。
6. 掌握 Python 编码规范。
7. 掌握 Python telnetlib 的基本用法。

8.1 SDN 与 NFV 概述

8.1.1 SDN 概述

1. SDN 背景

1964 年 IBM 公司花费 50 亿美元开发出了 IBM SYSTEM/360 大型机,开启了大型机的历史。大型机通常采用集中式体系架构,这种架构的优势之一是具有出色的 I/O 处理能力,因而最适合处理大规模事务数据。与 PC 生态系统比较,大型机拥有专用的硬件、操作系统和应用。

PC 生态系统从硬件、操作系统到应用,经历了多次革新。每一次革新都带来了巨大变化和发展。支撑整个 PC 生态系统快速革新的三个因素是:

(1)硬件底层化:PC 工业已经找到了一个简单、通用的硬件底层——x86 指令集。

(2)软件定义:上层应用程序和下层基础软件都得到了极大的创新。

（3）开源：Linux 的蓬勃发展已经验证了开源文化和市集模式发展思路的正确性。成千上万的开发者可以快速制定标准，加速创新。

信息技术产业的变革引发了网络产业的思考。业界开始提出 SDN 的概念，并不断在其商用化进程上做出尝试，目的是希望网络变得更开放、灵活和简单。经典的 IP 网络是一个分布式的、对等控制的网络。每台网络设备存在独立的数据平台、控制平面和管理平面。设备的控制平面对等地交互路由协议，然后独立地生成数据平面指导报文并转发。经典 IP 网络的优势在于设备与协议解耦，厂家之间兼容性较好且故障场景下协议保证网络收敛。因网络存在拥塞、运维困难、网络技术复杂、业务部署慢等问题，提出了 SDN 技术。

SDN 是由斯坦福大学 Clean Slate 研究组提出的一种新型网络创新架构，其核心理念是通过将网络设备控制平面与数据平面分离，实现网络控制平面的集中控制，为网络应用的创新提供良好的支撑。SDN 的主要特点为：①转控分离；②集中控制；③开放可编程接口。

SDN 的本质诉求是让网络更加开放、灵活和简单，它的实现方式是为网络构建一个集中的大脑，通过全局视图集中控制，实现业务快速部署、流量调优、网络业务开放等目标。

SDN 的价值是：①集中管理，简化网络管理与运维；②屏蔽技术细节，降低网络复杂度，降低运维成本；③自动化调优，提高网络利用率；④快速业务部署，缩短业务上线时间；⑤网络开放，支撑开放可编程的第三方应用。

2. OpenFlow 基本概念

OpenFlow 是控制器与交换机之间的一种南向接口协议。它定义了三种类型的消息，即 Controller-to-Switch、Asynchronous 和 Symmetric，每一种消息都包含更多的子类型。各消息功能如下：

（1）Controller-to-Switch，该消息由 Controller 发送。用于管理 Switch 和查询 Switch 的相关信息。

（2）Asynchronous，该消息由 Switch 发起。当 Switch 状态发生改变时，发送该消息告诉 Controller 状态变化。

（3）Symmetric，该消息没有固定发起方，可由 Switch 或者 Controller 发起，例如 Hello、Echo、Error 等。

OpenFlow 交换机基于流表（flow table）转发报文。流表的结构如图 8-1 所示。每个流表项由匹配域、优先级、计数、指令、Timeout、Cookie、Flags 这七部分组成。其中关于转发的关键的两个内容是匹配域和指令。匹配域是匹配规则，支持自定义。经典路由协议基于路由表转发，OpenFlow 基于流表转发。

匹配域	优先级	计数	指令	Timeout	Cookie	Flags

流表字段支持自定义，例如以下表中匹配项字段：

Ingress Port	Ether Source	Ether Dst	Ether Type	VLAN ID	VLAN Priority	IP Src	IP Dst	TCP Src Port	TCP Dst Port
3	MAC1	MAC2	0×8100	10	7	IP1	IP2	5321	8080

图 8-1　流表结构

流表中各部分说明如下：

①匹配域：指流表项匹配项（OpenFlow 1.5.1 版本支持 45 个可选匹配项），可以匹配入接口、物理入接口、流表间数据、二层报文头、三层报文头、四层端口号等报文字段。

②优先级：指流表项优先级，定义流表项之间的匹配顺序，优先级高的先匹配。

③计数：指流表项统计计数，统计有多少个报文和字节匹配到该流表项。

④指令：指流表项动作指令集，定义匹配到该流表项的报文需要进行的处理。当报文匹配流表项时，每个流表项包含的指令集就会执行。这些指令会影响到报文、动作集以及管道流程。

⑤Timeout：流表项的超时时间，包括 Idle Time 和 Hard Time。

Idle Time：在 Idle Time 时间超时后，如果没有报文匹配到该流表项，则此流表项被删除。

Hard Time：在 Hard Time 时间超时后，无论是否有报文匹配到该流表项，此流表项都会被删除。

⑥Cookie：Controller 下发的流表项的标识。

⑦Flags：该字段改变流条目的管理方式。

3. SDN 三层架构

SDN 的网络架构如图 8-2 所示，分为协同应用层、控制器层和设备层。不同层次之间通过开放接口连接。以控制器层为主要视角，区分面向设备层的南向接口和面向协同应用层的北向接口。OpenFlow 属于南向接口协议的一种。

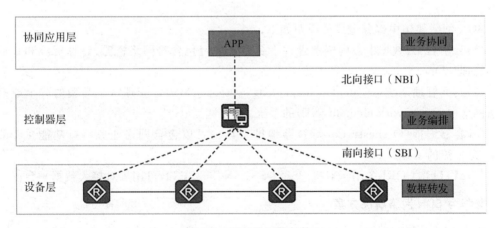

图 8-2 SDN 的网络架构

（1）协同应用层：主要完成用户意图的各种上层应用，典型的协同层应用包括运营支撑系统（operation support system，OSS）、OpenStack 等。OSS 可以负责整网的业务协同，OpenStack 云平台一般用于数据中心，负责网络、计算、存储的业务协同。还有其他的协同层应用，比如用户希望部署一个安全 app，这个安全 app 不关心设备具体部署位置，只是调用控制器的北向接口，例如 Block（Source IP、DestIP），然后控制器会给各网络设备下发指令。这个指令因南向协议不同而不同。

（2）控制器层：其实体就是 SDN 控制器，是 SDN 网络架构下最核心的部分。控制器层是 SDN 系统的大脑,其核心功能是实现网络业务编排。

(3)设备层:网络设备接收控制器指令,执行设备转发。

(4)北向接口(northbound interface,NBI):北向接口为控制器对接协同应用层的接口。

(5)南向接口(southbound interface,SBI):南向接口为控制器与设备交互的协议。

4.华为 SDN 网络

华为 SDN 网络架构支持丰富的南北向接口,包括 OpenFlow、OVSDB、NETCONF、PCEP、RESTful、SNMP、BGP、JsonRPC、RESTCONF 等,如图 8-3 所示。

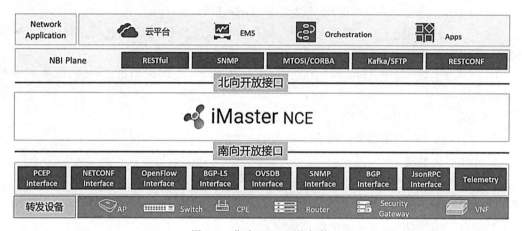

图 8-3　华为 SDN 网络架构

SDN 网络架构中部分组成的说明如下。

(1)云平台:云数据中心内资源管理平台。云平台包含对网络资源、计算资源和存储资源的管理。OpenStack 是主流的开源云平台。

(2)网元管理系统(element management system,EMS)是管理特定类型的一个或多个电信网络单元(network element,NE)的系统。

(3)容器编排(Orchestration):容器编排工具也可以包含网络业务编排功能。Kubernetes 是主流的工具。

(4)MTOSI/CORBA 用于对接 BSS/OSS。Kafka/SFTP 可用于对接大数据平台。

5.华为 SDN 网络解决方案

华为 SDN 网络解决方案如图 8-4 所示,遵循管、控、析构建智简网络。iMaster NCE (network cloud engine,网络云化引擎),即自动驾驶网络管理与控制系统,是华为集管理、控制、分析和 AI 智能功能于一体的网络自动化与智能化平台,它有效连接了物理网络与商业意图。iMaster NCE 南向实现全局网络的集中管理、控制和分析,面向商业和业务意图使能资源云化、全生命周期网络自动化,以及数据分析驱动的智能闭环;北向提供开放网络 API 与 IT 快速集成,面向企业领域数据中心网络(data center network,DCN)、企业园区(Campus)、企业分支互联(SD-WAN)等场景,让企业网络更加简单、智慧、开放和安全,加速企业的业务转型和创新。

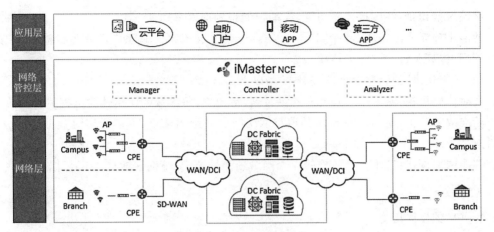

图 8-4　华为 SDN 网络解决方案

1)华为数据中心 CloudFabric 自动驾驶解决方案

基于 iMaster NCE-Fabric,为数据中心网络提供规划—建设—运维—调优全生命周期服务。

(1)规建一体。

①规划工具对接 NCE,实现规划建设一体化。

②iMaster NCE-Fabric 支持 ZTP(zero touch provisioning,零配置开局),即新出厂或空配置设备上电启动时采用的一种自动加载开局文件(包括系统软件、配置文件、补丁文件等)的功能。

(2)极简部署。

①iMaster NCE-Fabric 支持对接用户 IT 系统,为用户匹配意图模型,通过 NETCONF下发配置到设备上实现业务快速部署。

②网络变更仿真评估,杜绝人为错误。

(3)智能运维。

①iMaster NCE-Fabric 根据知识图谱和专家规则两种方式快速定位设备故障。

②iMaster NCE-Fabric 基于专家规则方式和运用仿真软件的分析,快速定位到设备故障。

(4)实时调优。

①iMaster NCE-Fabric 是面向 AI-Fabric 的流量本地推理,支持在线模型训练调优的功能。

②iMaster NCE-Fabric 支持用户行为的预测以及资源调优建议。

2)华为园区网络 CloudCampus 自动驾驶解决方案

(1)网络开通"快",部署效率提升 600%。

设备即插即用:设备极简开局,具备场景导航、模板配置功能。

网络极简部署:网络资源池化,一网多用,业务自动化发放。

(2)业务发放"快",用户体验提升 100%。

业务随行:图形化策略配置,用户可随时随地接入,漫游权限不变,体验不变。

终端智能识别:终端接入防仿冒,终端智能识别准确率达 95% 以上。

智能 HQoS(hierarchical quality of service,层次化 QoS):基于应用调度和整形,带宽精细化管理,保证关键用户业务体验。

(3)智能运维"快",整网性能提升 50% 以上。

实时体验可视:基于 Telemetry 的每时刻、每用户、每区域的网络体验可视。

精准故障分析:主动识别 85% 的典型网络问题并给出建议,可进行实时数据对比分析,进行故障预测。

智能网络调优:基于历史数据的无线网络预测性调优,整网性能提升 50% 以上。

8.1.2　NFV 概述

1.NFV 的发展历史

2012 年 10 月,13 家运营商[美国电话电报(AT&T)、美国威瑞森(Verizon)、英国沃达丰(Vodafone)、德国电信(DT)、德国 T-Mobile、英国电信(BT)、西班牙电信(Telefonica)等]在 SDN 和 Open Flow 世界大会上发布 NFV 第一版白皮书,同时成立了行业规范组(Industry Specification Group,ISG)来推动网络虚拟化的需求定义和系统架构制定。

2013 年,ISG 进行第一阶段研究,已完成相关标准制定。主要定义网络功能虚拟化的需求和架构,并梳理不同接口的标准化进程。

NFV 将许多类型的网络设备(如 Servers、Switches 和 Storage 等)构建为一个数据中心网络,通过借用 IT 的虚拟化技术虚拟化形成虚拟机(virtual machine,VM),然后将传统的通信技术业务部署到 VM 上。在 NFV 出现之前设备的专业化很突出,具体设备都有其专门的功能,而之后设备的控制平面与具体设备分离,不同设备的控制平面基于虚拟机,虚拟机基于云操作系统,这样当企业需要部署新业务时,只需要在开放的虚拟机平台上创建相应的虚拟机,然后在虚拟机上安装相应功能的软件包即可。这种方式就叫做网络功能虚拟化。

2.NFV 关键技术

NFV 架构每一层都可以由不同的厂商提供解决方案,在提高系统开发性能的同时增加了系统集成的复杂度。NFV 通过设备归一和软硬件解耦实现资源的高效利用,可以降低运营商总拥有成本(total cost of ownership,TCO),缩短业务上线时间,打造开放的产业生态。

NFV 架构如图 8-5 所示。各模块的功能如下:

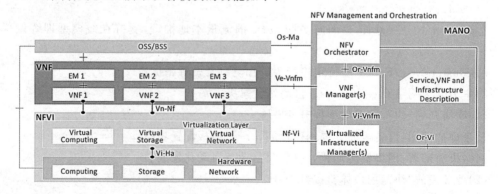

图 8-5　NFV 架构

（1）OSS/BSS：欧洲电信标准组织定义了 NFV 标准架构，由 NFVI（NFV infrastructure，NFV 基础设施）、VNF（virtualized network function，虚拟网络功能）以及 MANO（management and orchestration，管理和编排）等主要组件组成。NFVI 包括通用的硬件设施及其虚拟化，VNF 使用软件实现虚拟化网络功能，MANO 实现 NFV 架构的管理和编排。

（2）MANO：指 NFV 管理和编排。包括 VIM（virtualized infrastructure manager，虚拟基础设施管理器）、VNFM（VNF manager，NFV 模块管理器）及 NFVO（NFV orchestrator，NFV 编排器），提供对 VNF 及 NFVI 的层统一管理和编排功能。

①VIM：通常运行于对应的基础设施站点中，主要功能包括资源的发现、虚拟资源的管理分配、故障处理等。

②VNFM：主要对 VNF 的生命周期（实例化、配置、关闭等）进行控制。

③NFVO：实现对整个 NFV 基础架构、软件资源、网络服务的编排和管理。

（3）VNF：指虚拟机和部署在虚拟机上的业务网元、网络功能软件等。

（4）NFVI：包括所需的硬件及软件，为 VNF 提供运行环境。其中，Hardware 是硬件层，包括提供计算、网络、存储资源能力的硬件设备。Virtualization Layer 是虚拟化层，主要完成对硬件资源的抽象，形成虚拟资源，如虚拟计算资源、虚拟存储资源、虚拟网络资源。其虚拟化功能由 Hypervisor 实现。

3.NFV 接口介绍

NFV 标准架构的主要接口如表 8-1 所示。

表 8-1　NFV 主要接口

接口类型	功能描述
Vi-Ha	是虚拟化层与基础硬件之间的接口。虚拟化层满足基础硬件兼容性要求
Vn-Nf	是虚拟机与 NFVI 之间的接口。它确保虚拟机可以部署在 NFVI 上，满足性能、可靠性和可扩展性要求；NFVI 满足虚拟机操作系统兼容性要求
Vf-Vi	是虚拟化层管理软件与 NFVI 之间的接口。它负责提供 NFVI 虚拟计算、存储和网络系统管理，虚拟基础架构配置和连接，系统利用率、性能监控和故障管理
Ve-Vnfm	是 VNFM 与 VNF 之间的接口。实现 VNF 生命周期管理、VNF 配置、VNF 性能和故障管理
OS-Ma	实现网络服务生命周期管理、VNF 生命周期管理。
Vi-Vnfm	是提供业务应用管理系统/业务编排系统与虚拟化层管理软件之间交互的接口
Or-Vnfm	给 VNFM 发送配置信息，对 VNFM 进行配置，完成 Orchestrator 与 VNFM 的对接；完成 VNF 信息交换
Or-Vi	Orchestrator 支持需要的资源预订和资源分配的请求；虚拟硬件资源配置和状态信息交换

4.华为 NFV 解决方案

华为 NFV 架构中，虚拟化层和 VIM 的功能由华为云 Stack NFVI 平台实现。华为云 Stack 可以实现计算资源、存储资源和网络资源的全面虚拟化，并能够对物理硬件虚拟化资源进行统一的管理、监控和优化。

华为提供运营商无线网、承载网、传输网、接入网、核心网等全面云化的解决方案。

8.2　网络编程与自动化

本节主要定位于如何使用 Python 编程实现网络自动化。首先讨论两个问题：

第一，为何要实现网络自动化？网络自动化通过工具实现网络自动化部署、运行和维护，逐步减少对人的依赖。这能够很好地解决传统网络运维的问题。随着技术的进步、业务需求的快速增长，一个运维人员通常要管理上百、上千台服务器，运维工作也变得重复、繁杂。使用 Python 自动化脚本，通过网络传输可对指定设备执行重复、耗时、有规则的运维操作。

第二，为何使用 Python 语言？ Python 语言的优点是简单、易学、免费、开源，具有可移植性、可解释性、可扩展性、可嵌入性，有丰富的库和独特的语法。Python 现在已经成为编程的基本语言。作为一种"胶水语言"，它可以轻松连接其他语言制作的各种模块。与 C 语言和 Java 语言相比，Python 的优势更为突出，如要完成同一任务，C 语言可能需要 1000 行代码，Java 可能需要 100 行代码，而 Python 可能仅需要 20 行。

Python 在系统运维中的优势在于其具有强大的开发能力和完整的产业链。它的开发能力远远超过各种 Shell 和 Perl。同时通过 Shell 脚本实现了自动化的操作和维护。借助自动化运维进行大规模集群维护的想法是正确的。但是，由于 Shell 本身的可编程性较弱，它无法为日常维护中所需的许多功能提供足够的支持，并且没有现成的库可供学习，而且各种功能都需要从头写起，所以 Shell 脚本力量不够。

Python 除了易于阅读和编写外，还具有面向对象和函数式风格的特点，且有良好的编程能力。它已成为 IT 运维、科学计算和数据处理领域的主要编译语言。Python 通过对各种管理工具的系统组合，对各种工具进行了二次开发，形成了统一的服务器管理系统。

8.2.1　编程语言概述

什么是编程？编程是"编写程序"的简称，是对某个计算体系规定一定的运算方式，使计算体系按照该计算方式运行，并最终得到相应结果的过程。编程的主要工作就是写代码，就是用代码来指挥计算机工作。

1.编程语言分类

常用的编程语言分为编译型语言与解释型语言。

编译型语言要求将所有的源代码通过编译器转换成二进制指令，也就是生成一个可执行程序（如 Windows 下的.exe 文件），比如汇编、C、C++等都是编译型语言。

解释型语言，顾名思义就是将源代码一边转换，一边执行。这种方式不需要生成可执行程序，使用更加方便，比如 Python、PHP、JavaScript、MATLAB 等都是解释型语言。

2.编译器与解释器

编译器就是将"高级语言"（high level language）翻译为"低级语言"（low level language）的程序。

编译器的主要工作流程如下：

第一步,预处理。预处理器会读取源代码文件,并处理源代码中的宏定义、条件编译指令等,将源代码转换为可以被编译器识别的格式

第二步,编译。编译器会读取预处理器处理后的源代码,并将其转换为机器语言,生成目标代码文件。

第三步,汇编。汇编器会读取编译器生成的目标代码文件,并将其转换为机器可以识别的机器语言,生成可重定位的目标代码文件。

第四步,链接。链接器会读取汇编器生成的可重定位的目标代码文件,并将其链接到其他相关的文件中,生成可执行文件。

编译程序的工作过程就是这样,它将源代码文件转换为可执行文件,从而使程序可以在计算机上运行。

编译器将汇编或高级计算机语言源程序(source program)作为输入,将其翻译成目标语言(target language)机器代码的等价程序。源代码一般为高级语言,如 Pascal、C、C++、Java、汉语编程等或汇编语言;目标则是机器语言的目标代码(object code),有时也称做机器代码(machine code)。

解释器,英语为 interpreter,又译为直译器,是一种电脑程序,能够把高级语言一行行直接转译运行。解释器不会一次把整个程序转译出来,每次运行程序时都要先转成字节码,再作运行,因此解释器的程序运行比较缓慢。它每转译一行程序就立刻运行,然后再转译下一行,再运行,如此不停地进行下去。

3. 编译型语言与解释型语言

通过编译器编译才能运行的语言,称为编译型语言(如 C、C++)。通过解释器解析才能运行的语言,称为解释型语言(如 Python、JavaScript、Perl、Shell)。编译型语言的优点反映了解释型语言的缺点,反之亦然。编译型语言编写的程序,运行较快,而解释型较慢。编译型语言编写的程序,代码修改很麻烦,需要重新编译;解释型则很简单,随时改随时运行。编译型语言编写的程序不能跨平台,解释型则可以跨平台。编译型语言学习难度大,解释型语言则简单易学。编译型语言编写的程序,很难看到源代码;解释型语言的源码,则往往很难隐藏。

4. Python 语言优势

(1)Python 拥有优雅的语法、动态类型,具有解释性质。能够让学习者从语法细节的学习中抽离,专注于程序逻辑。

(2)Python 同时支持面向过程和面向对象的编程。

(3)Python 拥有丰富的第三方库。

(4)Python 可以调用其他语言所写的代码。

8.2.2　Python 安装与运行

在开发 Python 程序之前,必须先做一些准备工作,就是在计算机上安装并配置 Python 解释器。

1. 在 Windows 上下载 Python 解释器

在 Python 官网上下载 Python 3,如图 8-6 所示。

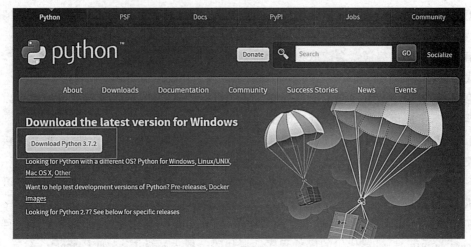

图 8-6　Python 3 官方下载界面

　　建议下载 3.6～3.9 任意版本,根据操作系统选择 32 位或 64 位安装,图 8-7 为 3.7.2 版本的 64 位 Python 解释器的下载界面。

图 8-7　Python 解释器下载界面

2.在 Windows 上安装 Python 解释器

　　Python 安装比较简单,根据提示单击"下一步"即可。在安装过程中,应加入环境变量。在命令行窗口,查看版本号,可检查安装是否成功。打开命令行 cmd,输入命令"> python --version",出现图 8-8 的提示即表示安装成功。

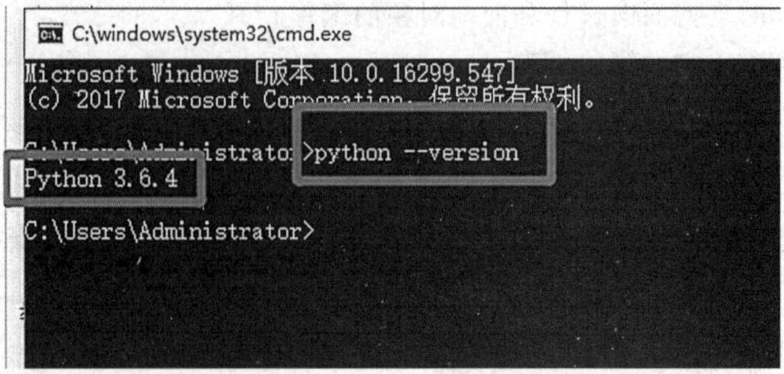

图 8-8　Python 安装检查

3. Windows 上集成开发环境 IDE-PyCharm

PyCharm 是一款由 JetBrains 开发的 Python 集成开发环境(integrated development environment, IDE),主要用于 Python 语言开发,提供了代码编辑器、调试器、测试工具、版本控制及可视化工具等功能。能帮助开发人员创建、调试和管理 Python 应用程序。

4. PyCharm 新建项目

在图 8-9 界面中,新建项目,填写项目地址,选择项目解释器(选择之前安装好的 Python 解释器),如图 8-10 所示。项目创建成功后进入项目编写界面,如图 8-11 所示。至此就可以开始编写代码了。

图 8-9　欢迎界面

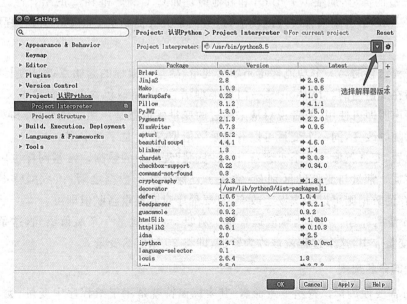

图 8-10　选择项目解释器

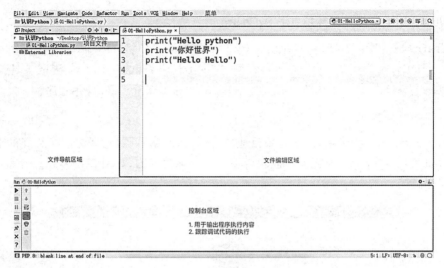

图 8-11　项目编写界面

8.2.3　Python 基本语法

现在有非常多的编程语言,Python 就是其中之一。Python 语言算得上是一个"古老"的编程语言,Python 流行这么久,必然有它的独特之处。

1.简史

Python 由吉多·范罗苏姆(Guido van Rossum)于 1989 年底出于某种娱乐目的而开发。1991 年发布 Python 第一个版本。Python 语言是基于 ABC 教学语言的,而 ABC 语言非常强大,是专门为非专业程序员设计的。但 ABC 语言并没有获得广泛的应用,Python 的出现一定程度上影响了它的流行。Python 的语法像自然语言。吉多在 Python 中避免了 ABC 不够开放的劣势,加强了 Python 和其他语言如 C、C++和 Java 的结合性。Python 还实现了许多 ABC 语言中未曾实现的功能,这些因素大大提高了 Python 的流行程度。

2.变量

所有编程语言的第一个功能肯定是定义变量,变量是编程的起始点,程序用到的各种数据都是存储在变量内的。Python 是一门弱类型语言,弱类型包含两方面的含义:首先所有的变量无须声明即可使用,或者说对从未用过的变量赋值就是声明了该变量;其次变量的数据类型可以随时改变,同一个变量可以有时是数值型,有时是字符串型。

形象地看,变量就像一个个小容器,用于"盛装"程序中的数据。常量同样也用于"盛装"程序中的数据。常量与变量的区别是:常量一旦保存某个数据之后,该数据就不能发生改变;变量保存的数据则可以多次发生改变,只要程序对变量重新赋值即可。

Python 使用等号(=)作为赋值运算符。例如 a=20 就是一条赋值语句,这条语句用于将 20 装入变量 a 中,这个过程就被称为赋值,即将 20 赋值给变量 a。

3.变量的命名规则

Python 需要使用标识符给变量命名,其实标识符就是用于给程序中变量、类、方法命名的符号(简单来说,标识符就是合法的名字)。Python 语言的标识符必须以字母、下划线(_)

开头,后面可以跟任意数目的字母、数字和下划线(_)。此处的字母并不局限于 26 个英文字母,可以包含中文字符、日文字符等。由于 Python 3 支持 UTF-8 字符集,因此 Python 3 的标识符可以使用 UTF-8 所能表示的多种语言的字符。Python 语言是区分大小写的,因此 abc 和 Abc 是两个不同的标识符。Python 2.x 对中文支持性较差,如果要在 Python 2.x 程序中使用中文字符或中文变量,则需要在 Python 源程序的第一行增加"# coding:utf-8",并要将源文件保存为 UTF-8 字符集。

在使用标识符时,需要注意如下规则:

①标识符可以由字母、数字、下划线(_)组成,其中数字不能用作首字符;

②标识符不能是 Python 关键字,但可以包含关键字;

③标识符不能包含空格。

4.注释

为程序添加注释来解释程序某些部分的作用和功能,可提高程序的可读性。注释也是调试程序的重要方式。当不希望编译、执行程序中的某些代码时,就可以将这些代码注释掉。当然,添加注释的最大作用还是提高程序的可读性。程序员往往宁愿自己重新写程序,也不愿意改进别人的程序,没有合理的注释是其中一个重要原因。

虽然良好的代码可自成文档,通常而言,合理的代码注释应该占源代码的 1/3 左右。Python 语言允许在任何地方插入空字符或注释,但不能插入标识符和字符串中间。

Python 源代码的注释有两种形式。

1)单行注释

Python 使用"#"号表示单行注释的开始,跟在"#"号后面直到这行结束为止的代码都将被解释器忽略。单行注释就是在程序中注释一行代码,在 Python 程序中将"#"号放在需要注释的内容之前就可以了。

2)多行注释

多行注释是指一次性将程序中的多行代码注释掉。在 Python 程序中使用三个单引号或三个双引号将注释的内容括起来。如下列代码中增加了单行注释和多行注释。

```
# 这是一行简单的注释
print("Hello World!")
'''
这里面的内容全部是多行注释
Python 语言真的很简单
'''
# print("这行代码被注释了,将不会被编译、执行!")
"""
这是用三个双引号括起来的多行注释
Python 同样是允许的。
"""
```

这些注释对程序本身没有任何影响,其主要作用是提供一些说明信息,Python 解释器会忽略这些注释内容。此外,添加注释也是调试程序的一个重要方法。如果认为某段代码可能有问题,则可以先把这段代码注释掉,让 Python 解释器忽略这段代码,再次编译、运行。

如果程序可以正常执行,则说明错误就是由这段代码引起的,这样就缩小了寻找错误的范围,有利于排错;如果依然出现相同的错误,则说明错误不是由这段代码引起的,同样也缩小了寻找错误的范围。

5.格式——缩进

Python 的一大特色——缩进,其目的是让程序知道每段代码依赖哪个条件;如果不通过缩进来区分,程序就无法知道条件成立后,去执行哪些代码。其他的语言,大多通过"{}"来确定代码块,比如 C、C++、Java、Javascript 等。如下是一个 JavaScript 代码的例子。

```
var age = 56
if(age < 50){
  console.log("还能折腾")
    console.log('可以执行多行代码')
}else{
    console.log('太老了')
}
```

在用"{}"来区分代码块的情况下,缩进的作用就只是让代码变得整洁。

Python 是非常简洁的语言,其通过强制缩进区分代码块。Python 的缩进有以下几个原则:

(1)顶级代码必须顶行写,即如果一行代码本身不依赖于任何条件,那它不能进行任何缩进。

(2)同一级别的代码,缩进必须一致。

(3)官方建议缩进用 4 个空格。

6.输出

使用 print 函数输出变量,print()函数的详细语法格式如下:

```
print(value, ..., sep='', end='\n', file=sys.stdout, flush=False)
```

从上面的语法格式可以看出,value 参数可以接受任意多个变量或值,因此 print()函数完全可以输出多个值。

```
user_name = 'Charlie'
user_age = 8
# 同时输出多个变量和字符串
print("读者名:", user_name, "年龄:", user_age)
```

运行上面的代码,可以看到如下输出结果。

```
读者名:Charlie 年龄:8
```

7.数据类型

1)数值类型

数值类型是计算机程序最常用的类型之一,其既可用于记录游戏的分数、游戏角色的生命值和伤害值等,也可记录物品的价格、数量等。Python 提供了对各种数值类型的支持,如整型、浮点型和复数。

2)字符串类型

字符串的意思就是"一串字符",比如"Hello,Charlie"是一个字符串,"How are you?"也是一个字符串。Python 要求字符串使用引号括起来,也可使用单引号或双引号,只要两边的引号能配对就行。

3)列表

列表是按顺序保存多个元素的容器。

4)元组

元组是按顺序保存多个不可改变元素的容器。

5)字典

字典是以 key-value 的形式保存数据的容器。

6)集合

集合和字典类似,也是一组 key 的集合,但不存储 value。由于 key 不能重复,所以在集合中,没有重复的 key。

8. 运算符

运算符是一种特殊的符号,用来表示数据的运算、赋值和比较等。Python 语言使用运算符将一个或多个操作数连接成可执行语句,用来实现特定功能。

Python 语言中的运算符可分为如下几种。

1)赋值运算符

赋值运算符用于为变量或常量指定值,Python 使用"'='"作为赋值运算符。通常,使用赋值运算符将表达式的值赋给另一个变量。

2)算术运算符

Python 支持所有的基本算术运算符,这些算术运算符用于执行基本的数学运算,如加、减、乘、除和求余等。

3)位运算符

位运算符通常在图形、图像处理和创建设备驱动等底层开发中使用。使用位运算符可以直接操作数值的原始 bit 位,尤其是在使用自定义的协议进行通信时,使用位运算符对原始数据进行编码和解码也非常有效。

4)索引运算符

索引运算符就是方括号,在方括号中既可使用单个索引值,也可使用索引范围。

5)比较运算符

比较运算符用于判断两个值(这两个值既可以是变量,也可以是常量,还可以是表达式)之间的大小,比较运算的结果是 bool 值(True 代表真,False 代表假)。

6)逻辑运算符

逻辑运算符用于操作 bool 类型的变量、常量或表达式,逻辑运算的返回值也是 bool 值。Python 的逻辑运算符有如下三个。

①and(与):前后两个操作数必须都是 True 才返回 True;否则返回 False。

②or(或):只要两个操作数中有一个是 True,就可以返回 True;否则返回 False。

③not(非):只需要一个操作数,如果操作数为 True,则返回 False;如果操作数为 False,则返回 True。

Python 语言中的大部分运算符是从左向右结合的,单目运算符、赋值运算符和三目运算符是从右向左结合的,也就是说,它们是从右向左运算的。乘法和加法是两个可结合的运算符,这两个运算符左右两边的操作数可以互换位置而不影响结果。

运算符有不同的优先级,所谓优先级就是在表达式运算中的运算顺序。表 8-2 中列出了包括分隔符在内的所有运算符的优先级。

表 8-2　运算符优先级

运算符说明	Python 运算符	优先级	结合性	优先级顺序
小括号	()	19	无	
索引运算符	x[i]或 x[i1:i2[:i3]]	18	左	
属性访问	x. attribute	17	左	
乘方	＊＊	16	右	
按位取反	～	15	右	
符号运算符	＋(正号)、－(负号)	14	右	
乘除	＊、/、//、%	13	左	
加减	＋、－	12	左	
位移	＞＞、＜＜	11	左	
按位与	&	10	右	由高到低
按位异或	^	9	左	
按位或	|	8	左	
比较运算符	＝＝、!＝、＞、＞＝、＜、＜＝	7	左	
is 运算符	is、is not	6	左	
in 运算符	in、not in	5	左	
逻辑非	not	4	右	
逻辑与	and	3	左	
逻辑或	or	2	左	
逗号运算符	exp1,exp2	1	左	

9.流程控制

程控制指的是代码运行逻辑、分支走向、循环控制,是真正体现程序执行顺序的操作。流程控制一般分为顺序执行、条件判断和循环控制。其中体现了一种传统编程中的"因果关系",即输入什么就会输出相应的结果,同一个输入不管执行多少次必然得到同样的输出,所有的输出都是确定的、可控的。

Python 程序有三大结构,即顺序结构、选择(分支)结构和循环结构。Python 顺序结构就是让程序按照从头到尾的顺序依次执行每一条 Python 代码,不重复执行任何代码,也不跳过任何代码。Python 选择结构也称分支结构,就是让程序"拐弯",有选择性地执行代码;换句话说,可以跳过没用的代码,只执行有用的代码。Python 循环结构就是让程序不断地重复执行同一段代码。其中分支结构用于实现根据条件来选择性地执行某段代码;循环结构则用于实现根据循环条件重复执行某段代码。Python 使用 if 语句提供分支支持,提供了 while、for-in 循环,也提供了 break 和 continue 来控制程序的循环结构。

1)顺序结构

在编程语言中常见的程序结构就是顺序结构。如果 Python 程序的多行代码之间没有任何流程控制,则程序总是从上向下依次执行,排在前面的代码先执行,排在后面的代码后执行。这意味着如果没有流程控制,Python 程序的语句是一个顺序执行流,从上向下依次执行每条语句。

2)分支结构

if 分支使用布尔表达式或布尔值作为分支条件来进行分支控制。Python 的 if 语句有如下三种形式。

①单分支——if。

```
if 条件:
    满足条件后要执行的代码
```

②双分支——if...else...

```
if 条件:
    满足条件执行代码
else:
    if 条件不满足就走这段
```

③多分支——if...elif...else...

```
if 条件:
    满足条件执行代码
elif 条件:
    上面的条件不满足就走这段
elif 条件:
    上面的条件不满足就走这段
elif 条件:
    上面的条件不满足就走这段
else:
    上面所有的条件不满足就走这段
```

3)循环结构

循环语句可以在满足循环条件的情况下,反复执行某一段代码,这段被重复执行的代码被称为循环体。当反复执行这个循环体时,需要在合适的时候把循环条件改为假,从而结束循环；否则循环将一直执行下去，形成死循环。循环语句可能包含如下四个部分。

①初始化语句(init_statements)：一条或多条语句，用于完成一些初始化工作。初始化语句在循环开始之前执行。

②循环条件(test_expression)：这是一个布尔表达式，这个表达式能决定是否执行循环体。

③循环体(body_statements)：这个部分是循环的主体，如果循环条件允许，这个代码块将被重复执行。

④迭代语句(iteration_statements)：这个部分在一次执行循环体结束后，对循环条件求值之前执行，通常用于控制循环条件中的变量，使得循环在合适的时候结束。

上面四个部分只是一般分类，并不是每个循环中都能非常清晰地分出这四个部分。

①for-in 循环。

使用 for-in 循环遍历字典其实也是通过遍历普通列表来实现的。字典包含如下三个方法。

items()：返回字典中所有 key-value 对的列表。

keys()：返回字典中所有 key 的列表。

values()：返回字典中所有 value 的列表。

因此，如果要遍历字典，完全可以先调用字典的上面三个方法之一来获取字典的所有 key-value 对、所有 key、所有 value，再进行遍历。如下程序使用 for-in 循环来遍历字典。

```
my_dict = {'语文' : 89, '数学' : 92, '英语' : 80}
# 通过 items()方法遍历所有 key-value 对
# 由于 items 方法返回的列表元素是 key-value 对，因此要声明两个变量
for key, value in my_dict.items():
    print(' key!', key)
    print(' value!', value)
print('——————————————')
# 通过 keys()方法遍历所有 key
for key in my_dict.keys():
    print(' key!', key)
    # 再通过 key()获取 value
    print(' value!', my_dict[key])
print('——————————————')
# 通过 values()方法遍历所有 value
for value in my_dict.values():
    print(' value!', value)
```

上面的程序通过三个 for-in 循环分别遍历了字典的所有 key-value 对、所有 key、所有 value。尤其是通过字典的 items() 遍历所有的 key-value 对时，由于 items() 方法返回的是字典中所有 key-value 对组成的列表，列表元素都是长度为 2 的元组，因此程序要声明两个变量来分别代表 key、value，这也是序列解包的应用。

假如需要一个程序，用于统计列表中各元素出现的次数。由于并不清楚列表中包含多少个元素，因此要定义一个字典，以列表的元素为 key，该元素出现的次数为 value。程序

如下：

```
src_list = [12, 45, 3.4, 12, 'fkit', 45, 3.4, 'fkit', 45, 3.4]
statistics = {}
for ele in src_list:
    # 如果字典中包含 ele 代表的 key
    if ele in statistics:
        # 将 ele 元素代表出现次数加 1
        statistics[ele] += 1
    # 如果字典中不包含 ele 代表的 key,说明该元素还未出现过
    else:
        # 将 ele 元素代表出现次数设为 1
        statistics[ele] = 1
# 遍历 dict,打印出各元素的出现次数
for ele, count in statistics.items():
    print("%s 的出现次数为:%d" % (ele, count))
```

②while 循环。

```
[初始化条件]
while 循环条件:
    循环体...
    [迭代语句]
```

while 循环在每次执行循环体之前,都要先对循环条件求值,如果循环条件为真,则运行循环体部分。从上面的语法格式来看,迭代语句总是位于循环体的最后,因此只有当循环体能成功执行完成时,while 循环才会执行迭代语句。

从这个意义上看,while 循环也可被当成分支语句使用——如果循环条件一开始就为假,则循环体部分将永远不会获得执行的机会。

10.函数式编程

如果在开发程序时,需要多次使用某块代码,为了提高编写效率以及代码复用,把具有独立功能的代码块组织为一个小模块,这就是函数。

"函数"一词来源于数学,但编程中函数的概念,与数学中函数的概念是不同的。编程中的函数有很多不同的英文叫法。在 BASIC 中叫做 subroutine(子过程或子程序),在 Pascal 中叫做 procedure(过程)和 function,在 C 中叫做 function,在 Java 中叫做 method。

函数将一组语句的集合通过一个名字(函数名)封装起来,要想执行这个函数,就只需调用函数名即可。函数的特性如下：

①减少重复代码；

②使程序变得可扩展；

③使程序变得易维护。

函数是执行特定任务的一段代码,通过将一段代码定义成函数,并为该函数指定一个函数名,即可在需要时多次调用这段代码。因此,函数是代码复用的重要手段。学习函数需要重点掌握定义函数、调用函数的方法。函数是 Python 程序的重要组成单位,一个 Python 程

序可以由很多个函数组成。所谓函数,就是指为一段实现特定功能的代码"取"一个名字,之后即可通过该名字来执行(调用)该函数。

通常,函数可以接收零个或多个参数,也可以返回零个或多个值。从函数使用者的角度来看,函数就像一个"黑匣子",程序将零个或多个参数传入这个"黑匣子",该"黑匣子"经过一番计算即可返回零个或多个值。对于"黑匣子"的内部细节(就是函数的内部实现细节),函数的使用者并不关心。

对函数定义者(实现函数的人)而言,其至少需要明白以下 3 点。

①函数需要几个关键的动态变化的数据,这些数据应该被定义成函数的参数。

②函数需要传出几个重要的数据(就是调用该函数的人希望得到的数据),这些数据应该被定义成返回值。

③函数的内部实现过程。

定义函数的格式如下:

```
def 函数名([形参列表]):
    零条或多条可执行语句
    [return [返回值]]
```

Python 声明函数必须使用 def 关键字,对函数语法格式的详细说明如下。

函数名:从语法角度来看,函数名只要是一个合法的标识符即可;从程序的可读性角度来看,函数名应该由一个或多个有意义的单词连缀而成,每个单词的字母全部小写,单词与单词之间使用下划线分隔。

形参列表:用于定义该函数可以接收的参数。形参列表由多个形参名组成,多个形参名之间以英文逗号(,)隔开。一旦在定义函数时指定了形参列表,调用该函数时就必须传入对应的参数值——谁调用函数,谁负责为形参赋值。

函数体中多条可执行语句之间有严格的执行顺序,排在函数体前面的语句先执行,排在函数体后面的语句后执行。

```
# 定义一个函数,能够完成打印信息的功能
def printInfo():
    print'————————————————————'
    print'            Hello,Python'
    print'————————————————————'
```

定义了函数之后,就相当于有了一个具有某些功能的代码,想要让这些代码能够执行,就需要调用它,通过"函数名()"即可完成调用,调用过程如下:

```
# 定义函数后,函数是不会自动执行的,需要调用它才可以
printInfo()
```

11. 模块基础

在计算机程序的开发过程中,随着程序代码越写越多,在一个文件里代码就会越来越复杂,越来越不容易维护。为了对代码进行维护,往往对函数分组,将其分别放到不同的文件里,这样每个文件包含的代码就相对较少,很多编程语言都采用这种组织代码的方式。在

Python 中,一个. py 文件就称为一个模块(module)。

使用模块最大的好处是大大提高代码的可维护性,且编写代码不必从零开始。当一个模块编写完毕时,就可以被其他地方引用。在编写程序时,经常会引用其他模块,包括 Python 内置的模块和来自第三方的模块。

使用模块还可以避免函数名和变量名冲突。相同名字的函数和变量可以分别存在不同的模块中,因此名字不会与其他模块冲突。但是尽量不要与内置函数名字冲突。

为了避免模块名冲突,Python 引入了按目录来组织模块的方法,称为包(package)。举个例子,一个 abc. py 文件就是一个名字叫 abc 的模块,一个 xyz. py 文件就是一个名字叫 xyz 的模块。若 abc 和 xyz 这两个模块名字与其他模块冲突了,则可以通过包来组织模块,避免冲突。方法是选择一个顶层包名,比如 mycompany,按照如下目录存放:

```
mycompany
├── __init__.py
├── abc.py
└── xyz.py
```

引入包以后,只要顶层的包名不与其他包名冲突,那么所有模块就都不会与其他模块冲突。abc. py 模块的名字就变成了 mycompany. abc;类似的,xyz. py 的模块名就变成了 my-company. xyz。

每一个包目录下面都会有一个__init__. py 文件,这个文件必须存在,否则,Python 就把这个目录当成普通目录,而不是一个包。__init__. py 文件可以是空文件,也可以有 Python 代码,因为__init__. py 本身就是一个模块,而它的模块名就是 mycompany。类似的,可以有多级目录,从而组成多级层次的包结构。比如以下的目录结构:

```
mycompany
├── web
│   ├── __init__.py
│   ├── utils.py
│   └── www.py
├── __init__.py
├── abc.py
└── xyz.py
```

文件 www. py 的模块名就是 mycompany. web. www,文件 utils. py 的模块名有两个,分别是 mycompany. utils 和 mycompany. web. utils。

创建模块命名时,名字不能和 Python 自带的模块名称冲突。例如,系统自带了 sys 模块,创建的模块就不可命名为 sys. py,否则将无法导入系统自带的 sys 模块。

模块分为以下三种:

①内置标准模块(又称标准库),执行 help('modules')查看所有 Python 自带模块列表;

②第三方开源模块,可通过 pip install 模块名联网安装;

③自定义模块。

导入模块的语法如下:

```
import module
from module import xx
from module.xx.xx import xx as rename
from module.xx.xx import *
```

小　结

本章主要提出了 SDN(软件定义网络)与 NFV(网络功能虚拟化)两个重要概念。SDN 是网络架构的革新,以控制器为主体,让网络更加开放、灵活和简单;NFV 是电信网络设备部署形态的革新,以虚拟化为基础,以云计算为关键实现电信网络的重构。

Python 是一门完全开源的高级编程语言,语法简单,容易学习。拥有丰富的标准库和第三方库,适用于网络工程领域。Python 的 telnetlib 模块提供了实现 Telnet 功能的类 telnetlib. Telnet。

思考与练习

1.Windows 中如何安装 Python?

2.Python 的数据类型有哪些?

3.如何定义与调用 Python 的函数?

4.如何使用 Python 的第三方模块?

自我检测

1.使用数值类型声明多个变量,并使用不同方式为不同的数值类型的变量赋值。熟悉每种数据类型的赋值规则和表示方式。

2.使用数学运算符、逻辑运算符编写 40 个表达式,先自行计算各表达式的值,然后通过程序输出这些表达式的值并进行对比。

3.编程:实现九九乘法表。

4.编程:用函数实现求 100~200 中所有的素数。

5.编程:用函数实现判断用户输入的年份是不是闰年。

第9章　案例实践

【本章导读】

信息社会通信网络无处不在,而园区网络一直处在网络的战略核心位置。可以说在一个城市中,除了马路和居住区之外,都是园区,包括工厂、政府机关、商场、写字楼、校园、公园等。园区网络作为园区通向数字世界的基础设施,是园区建设不可或缺的一部分,在日常办公、研发生产、运营管理中扮演越来越重要的角色。

本章通过一个园区网络搭建的实战案例,帮助读者理解园区网络中的常见技术与技术的应用。

【学习目标】

1. 了解常见园区网络概念和常见的架构。
2. 了解常见网络技术。
3. 熟悉园区网络规划与设计、部署与实施。

9.1　小型园区网组网架构

1.实验背景

某写字楼准备搭建网络供楼内企业办公使用。写字楼共6层,已有三层投入使用,分别是一层会客大厅、二层行政部和总经理办公室、三层研发部和市场部。一层设核心机房,其他各楼层均有一个小房间放置网络设备。

以小组为单位成立项目组,完成网络的建设。

2.规划与设计

1)设备选型和物理拓扑设计

网络总体接入终端数量如表9-1所示。

表 9-1　网络终端数量

	一层	二层	三层	其他楼层(预留)
有线终端	10	200	200	500
无线终端	100	50	50	200
备注	访客无线终端接入、服务器接入	员工办公电脑有线接入、部分员工手机无线接入		

要求如下：

①无线终端产生的流量均为上网流量,保证每个客户端有 2Mbit/s 的速率。

②满足员工办公电脑百兆接入,服务器千兆接入。

③为提高无线质量,需采用双频 AP,且每层至少需要 3 台 AP 才能完全覆盖。

④按照接入层—汇聚层—核心层—出口区的顺序设计该网络的物理拓扑图,如图 9-1
所示。

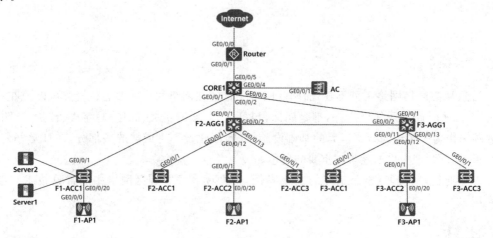

图 9-1　网络拓扑图

设备接口编号如表 9-2 所示。

表 9-2　设备接口编号

设备	包含接口编号
F2-ACC1、F2-ACC2、F2-ACC3、 F3-ACC1、F3-ACC2、F3-ACC	E0/0/1～E0/0/222 GE0/0/1～GE0/0/2
F1-ACC1、F2-AGG1、F3-AGG1、CORE1	GE0/0/1～GE0/0/24
AC	GE0/0/1～GE0/0/8

2)二层网络设计

有线网络 VLAN 划分如下：

①核心机房的接入交换机 GE0/0/1～GE0/0/10 连接服务器,属于同一个 VLAN。

②二楼除 F2-ACC2 连接总经理办公室外,其他交换机连接行政部,两个部门属于不同
的 VLAN。

③三楼的 F3-ACC1 和 F3-ACC3 的 E0/0/1～E0/0/10 属于市场部,E0/0/11～E0/0/20
属于研发部。

④F3-ACC2 的 E0/0/1～E0/0/19 属于市场部。

无线网络 VLAN 划分如下：

①各个楼层的无线终端属于不同的 VLAN。

②各个楼层的无线管理 VLAN 不同。

注意:需要预留设备互联 VLAN、设备管理 VLAN 等。

二层网络规划如表 9-3 所示。

表 9-3　二层网络规划

VLAN 编号	VLAN 描述
1	一楼的二层设备管理 VLAN
2	二楼的二层设备管理 VLAN
3	三楼的二层设备管理 VLAN
100	服务器所属的 VLAN
101	总经理办公室所属的 VLAN
102	行政部所属的 VLAN
103	市场部所属的 VLAN
104	研发部所属的 VLAN
105	一楼无线终端所属的 VLAN
106	二楼无线终端所属的 VLAN
107	三楼无线终端所属的 VLAN
201	F2-AGG1 与 CORE1 互联 VLAN
202	F3-AGG1 与 CORE1 互联 VLAN
203	F2-AGG1 与 F3-AGG1 互联 VLAN
204	CORE1 与 Router 互联 VLAN
205	一楼无线管理 VLAN
206	二楼无线管理 VLAN
207	三楼无线管理 VLAN

3）三层网络设计

地址配置,采用 192.168.0.0/16 地址段,具体需求如下:

①一楼:服务器采用静态 IP 地址。无线客户端和无线 AP 由 CORE1 通过 DHCP 分配地址,网关均在 CORE1 上。接入交换机管理 IP 采用静态地址配置,网关在 CORE1 上。

②二楼和三楼:所有有线终端、无线终端、无线 AP 的地址均由对应楼层汇聚交换机通过 DHCP 分配,网关在汇聚交换机上。接入交换机管理 IP 采用静态地址配置,网关在各自楼层汇聚交换机上。全网采用 OSPF 动态路由协议实现业务网段之间的互联互通,所有终端通过 Router 访问 Internet。

三层网络规划如表 9-4 所示。

表 9-4　三层网络规划

IP 网段	地址分配方式及网关
192.168.1.0/24	静态配置,网关在 CORE1 上
192.168.2.0/24	静态配置,网关在 F2-AGG1 上

续表

IP 网段	地址分配方式及网关
192.168.3.0/24	静态配置,网关在 F3-AGG1 上
192.168.100.0/24	静态配置,网关在 CORE1 上
192.168.101.0/24	F2-AGG1 通过 DHCP 分配,网关在 CORE1 上
192.168.102.0/24	行政部所属的 VLAN
192.168.103.0/24	F3-AGG1 通过 DHCP 分配,网关在 F3-AGG1 上
192.168.104.0/24	研发部所属的 VLAN
192.168.105.0/24	CORE1 通过 DHCP 分配,网关在 CORE1 上
192.168.106.0/24	F2-AGG1 通过 DHCP 分配,网关在 F2-AGG1 上
192.168.107.0/24	F3-AGG1 通过 DHCP 分配,网关在 F3-AGG1 上
192.168.201.0/30	静态配置,不需要网关
192.168.202.0/30	F3-AGG1 与 CORE1 互联 VLAN
192.168.203.0/30	F2-AGG1 与 F3-AGG1 互联 VLAN
192.168.204.0/30	CORE1 与 Router 互联 VLAN
192.168.205.0/24	CORE1 通过 DHCP 分配,网关在 CORE1 上
192.168.206.0/24	F2-AGG1 通过 DHCP 分配,网关在 F2-AGG1 上
192.168.207.0/24	F3-AGG1 通过 DHCP 分配,网关在 F3-AGG1 上

4)WLAN 设计

所有 AP 由 AC 统一进行管理,AC 转发性能较差。一楼的 AP 采用二层注册的方式。二楼和三楼的所有 AP 采用三层注册的方式,AC 的网关为 CORE1。

划分各楼层的 SSID。均采用 WPA-WPA2+PSK+AES 安全策略。各楼层采用不同 SSID 和密码。

根据已有信息和要求,WLAN 规划如表 9-5 所示。

表 9-5　WLAN 规划

配置项	一楼 WLAN	二楼 WLAN	三楼 WLAN
AP 管理 VLAN	VLAN205	VLAN206	VLAN207
STA 业务 VLAN	VLAN105	VLAN106	VLAN107
DHCP 服务器	CORE1 为 AP 和 STA 分配地址	F2-AGG1 为 AP 和 STA 分配地址	F3-AGG1 为 AP 和 STA 分配地址
AC 的源接口 IP 地址	VLANIF205: 192.168.205.253/24		
AP 组	名称:WLAN-F1; 引用 VAP 模板:WLAN-F1; 引用域管理模板:default	名称:WLAN-F2; 引用 VAP 模板:WLAN-F2; 引用域管理模板:default	名称:WLAN-F3; 引用 VAP 模板:WLAN-F3; 引用域管理模板:default

续表

配置项	一楼 WLAN	二楼 WLAN	三楼 WLAN
域管理模板	名称:default;　国家码:CN		
SSID 模板	名称:WLAN-F1; SSID 名称:WLAN-F1	模板名称:WLAN-F2; SSID 名称:WLAN-F2	模板名称:WLAN-F3; SSID 名称:WLAN-F3
安全模板	名称:WLAN-F1; 安全策略:WPA-WPA2; +PSK+AES; 密码:WLAN@Guest123	名称:WLAN-F2; 安全策略:WPA-WPA2; +PSK+AES; 密码:WLAN@Employee2	名称:WLAN-F3; 安全策略:WPA-WPA2; +PSK+AES; 密码:WLAN@Employee3
VAP 模板	名称:WLAN-F1; 转发模式:直接转发; 业务 VLAN:VLAN105; 引用模板: ①SSID 模板:WLAN-F1; ②安全模板:WLAN-F1	名称:WLAN-F2; 转发模式:直接转发; 业务 VLAN:106; 引用模板: ①SSID 模板:WLAN-F2; ②安全模板:WLAN-F2	名称:WLAN-F3; 转发模式:直接转发; 业务 VLAN:107; 引用模板: ①SSID 模板:WLAN-F3; ②安全模板:WLAN-F3

5)安全和接口设计

①禁止从一楼的访客 SSID 接入的用户访问公司内部网络。

②仅无线终端可以访问互联网。

③Router 采用静态 IP 地址方式接入互联网,运营商分配了 1.1.1.1～1.1.1.10 地址段(掩码长度为 24),Router 到达互联网的下一跳地址为 1.1.1.254。

④公司内部有一台 Web 服务器需要对外提供服务,其私网 IP 地址为 192.168.100.1,端口号为 80。为了保证服务器安全性,只提供 Web 服务的 NAT 映射。

根据已有信息与要求,安全和出口规划如表 9-6 所示。

表 9-6　安全和出口规划

需求	实现方案
访客到公司内网的访问控制	在 CORE1 上通过 traffic-filter 实现(或通过 traffic-policy 实现)
到互联网的访问控制	Router 配置 NAT 并禁止对相应网络做地址转换
Web 服务映射	在 Router 的接口上配置 NAT Server

6)网络管理设计

①由于网络规模较大,安全性较低,在规划时配置设备使用 SNMPv3 版本与 NMS 进行通信,并配置认证和加密功能保证安全性。

②除 Router 和 AC 外,所有设备通过管理 VLAN 与 NMS 进行通信,NMS 地址为 192.168.100.2/24。

③路由器通过 GE0/0/1 接口与 NMS 通信。

④AC 通过 VLANIF205 接口与 NMS 通信。

⑤要求所有设备能够在产生 SNMP 告警时主动向 NMS 上报。

9.2　小型园区网组网实践

9.2.1　配置参考

1.Router 的配置

```
#
sysname Router
#
snmp-agent local-engineid 800007DB03000000000000
snmp-agent sys-info version v3
snmp-agent group v3 datacom privacy
snmp-agent target-host trap-hostname nms address 192.168.100.2 udp-port 162
trap-paramsname datacom
snmp-agent target-host trap-paramsname datacom v3 securityname test privacy
snmp-agent usm-user v3 test datacom authentication-mode md5 4DE14BB77015FFE895A
65FDE05B8F6E9 privacy-mode aes128 4DE14BB77015FFE895A65FDE05B8F6E9
snmp-agent trap source GigabitEthernet0/0/1
snmp-agent trap enable
snmp-agent
#
acl number 2000
rule 5 permit source 192.168.105.0 0.0.0.255
rule 10 permit source 192.168.106.0 0.0.0.255
rule 15 permit source 192.168.107.0 0.0.0.255
#
nat address-group 1 1.1.1.2 1.1.1.10
#
interface GigabitEthernet0/0/0
ip address 1.1.1.1 255.255.255.0
nat server protocol tcp global current-interface 8080 inside 192.168.100.1 www
nat outbound 2000 address-group 1
#
interface GigabitEthernet0/0/1
ip address 192.168.204.1 255.255.255.252
#
ospf 1
default-route-advertise always
area 0.0.0.0
network 192.168.204.0 0.0.0.3
```

```
#
ip route-static 0.0.0.0 0.0.0.0 1.1.1.254
#
return
```

2. CORE1 的配置

```
#
sysname CORE1
#
vlan batch 100 105 201 to 202 204 to 205
#
dhcp enable
#
acl number 3000
rule 5 deny ip source 192.168.105.0 0.0.0.255 destination 192.168.0.0 0.0.255.
255
rule 10 permit ip
#
ip pool ap-f1
gateway-list 192.168.205.254
network 192.168.205.0 mask 255.255.255.0
excluded-ip-address 192.168.205.253
#
ip pool sta-f1
gateway-list 192.168.105.254
network 192.168.105.0 mask 255.255.255.0
#
interface Vlanif1
ip address 192.168.1.254 255.255.255.0
#
interface Vlanif100
ip address 192.168.100.254 255.255.255.0
#
interface Vlanif105
ip address 192.168.105.254 255.255.255.0
dhcp select global
#
interface Vlanif201
ip address 192.168.201.1 255.255.255.252
#
```

```
interface Vlanif202
ip address 192.168.202.1 255.255.255.252
#
interface Vlanif204
ip address 192.168.204.2 255.255.255.252
#
interface Vlanif205
ip address 192.168.205.254 255.255.255.0
dhcp select global
#
interface GigabitEthernet0/0/1
port link-type trunk
port trunk allow-pass vlan 100 105 205
#
interface GigabitEthernet0/0/2
port link-type access
port default vlan 201
#
interface GigabitEthernet0/0/3
port link-type access
port default vlan 202
#
interface GigabitEthernet0/0/4
port link-type access
port default vlan 205
#
interface GigabitEthernet0/0/5
port link-type access
port default vlan 204
#
ospf 1
area 0.0.0.0
network 192.168.1.0 0.0.0.255
network 192.168.100.0 0.0.0.255
network 192.168.105.0 0.0.0.255
network 192.168.205.0 0.0.0.255
network 192.168.201.0 0.0.0.3
network 192.168.202.0 0.0.0.3
network 192.168.204.0 0.0.0.3
```

```
#
snmp-agent
snmp-agent local-engineid 800007DB034C1FCC635139
snmp-agent sys-info version v3
snmp-agent group v3 datacom privacy
snmp-agent target-host trap address udp-domain 192.168.100.2 params securi-
tyname datacom v3
snmp-agent usm-user v3 test datacom authentication-mode md5 %_#_3UJ'3!M;9]
$R@P:G
H1!! privacy-mode des56 %_#_3UJ'3!M;9]$R@P:GH1!!
snmp-agent trap source Vlanif1
snmp-agent trap enable
#
return
```

3.F2-AGG1 的配置

```
#
sysname F2-AGG1
#
vlan batch 2 101 to 102 106 201 203 206
#
dhcp enable
#
ip pool admin
gateway-list 192.168.102.254
network 192.168.102.0 mask 255.255.255.0
#
ip pool ap-f2
gateway-list 192.168.206.254
network 192.168.206.0 mask 255.255.255.0
option 43 sub-option 3 ascii 192.168.205.253
#
ip pool manager
gateway-list 192.168.101.254
network 192.168.101.0 mask 255.255.255.0
#
ip pool sta-f2
gateway-list 192.168.106.254
network 192.168.106.0 mask 255.255.255.0
#
```

```
interface Vlanif2
ip address 192.168.2.254 255.255.255.0
#
interface Vlanif101
ip address 192.168.101.254 255.255.255.0
dhcp select global
#
interface Vlanif102
ip address 192.168.102.254 255.255.255.0
dhcp select global
#
interface Vlanif106
ip address 192.168.106.254 255.255.255.0
dhcp select global
#
interface Vlanif201
ip address 192.168.201.2 255.255.255.252
#
interface Vlanif203
ip address 192.168.203.1 255.255.255.252
#
interface Vlanif206
ip address 192.168.206.254 255.255.255.0
dhcp select global
#
interface GigabitEthernet0/0/1
port link-type access
port default vlan 201
#
interface GigabitEthernet0/0/2
port link-type access
port default vlan 203
#
interface GigabitEthernet0/0/11
port link-type trunk
port trunk pvid vlan 2
port trunk allow-pass vlan 2 102
#
interface GigabitEthernet0/0/12
```

```
port link-type trunk
port trunk pvid vlan 2
port trunk allow-pass vlan 2 101 106 206
#
interface GigabitEthernet0/0/13
port link-type trunk
port trunk pvid vlan 2
port trunk allow-pass vlan 2 102
#
ospf 1
area 0.0.0.0
network 192.168.2.0 0.0.0.255
network 192.168.101.0 0.0.0.255
network 192.168.102.0 0.0.0.255
network 192.168.106.0 0.0.0.255
network 192.168.201.0 0.0.0.3
network 192.168.203.0 0.0.0.3
network 192.168.206.0 0.0.0.255
#
snmp-agent
snmp-agent local-engineid 800007DB034C1FCC070327
snmp-agent sys-info version v3
snmp-agent group v3 datacom privacy
snmp-agent target-host trap address udp-domain 192.168.100.2 params securi-
tyname
datacom v3
snmp-agent usm-user v3 test datacom authentication-mode md5 ＋3V3OM/)GC'7M＋H
\V-,;
(!!! privacy-mode des56 ＋3V3OM/)GC'7M＋H\V-,;(!!!
snmp-agent trap source Vlanif2
snmp-agent trap enable
#
return
```

4.F3-AGG1 的配置

```
#
sysname F3-AGG1
#
vlan batch 3 103 to 104 107 202 to 203 207
#
```

```
ip pool ap-f3
gateway-list 192.168.207.254
network 192.168.207.0 mask 255.255.255.0
option 43 sub-option 3 ascii 192.168.205.253
#
ip pool marketing
gateway-list 192.168.103.254
network 192.168.103.0 mask 255.255.255.0
#
ip pool rd
gateway-list 192.168.104.254
network 192.168.104.0 mask 255.255.255.0
#
ip pool sta-f3
gateway-list 192.168.107.254
network 192.168.107.0 mask 255.255.255.0
#
interface Vlanif3
ip address 192.168.3.254 255.255.255.0
#
interface Vlanif103
ip address 192.168.103.254 255.255.255.0
dhcp select global
#
interface Vlanif104
ip address 192.168.104.254 255.255.255.0
dhcp select global
#
interface Vlanif107
ip address 192.168.107.254 255.255.255.0
dhcp select global
#
interface Vlanif202
ip address 192.168.202.2 255.255.255.252
#
interface Vlanif203
ip address 192.168.203.2 255.255.255.252
#
interface Vlanif207
```

```
ip address 192.168.207.254 255.255.255.0
dhcp select global
#
interface GigabitEthernet0/0/1
port link-type access
port default vlan 202
#
interface GigabitEthernet0/0/2
port link-type access
port default vlan 203
#
interface GigabitEthernet0/0/11
port link-type trunk
port trunk pvid vlan 3
port trunk allow-pass vlan 3 103 to 104
#
interface GigabitEthernet0/0/12
port link-type trunk
port trunk pvid vlan 3
port trunk allow-pass vlan 3 103 107 207
#
interface GigabitEthernet0/0/13
port link-type trunk
port trunk pvid vlan 3
port trunk allow-pass vlan 3 103 to 104
#
ospf 1
area 0.0.0.0
network 192.168.3.0 0.0.0.255
network 192.168.103.0 0.0.0.255
network 192.168.104.0 0.0.0.255
network 192.168.107.0 0.0.0.255
network 192.168.202.0 0.0.0.3
network 192.168.203.0 0.0.0.3
network 192.168.207.0 0.0.0.255
#
snmp-agent
snmp-agent local-engineid 800007DB034C1FCCFB0564
snmp-agent sys-info version v3
```

snmp-agent group v3 datacom privacy

snmp-agent target-host trap address udp-domain 192. 168. 100. 2 params securi-
tyname

datacom v3

snmp-agent usm-user v3 test datacom authentication-mode md5 5>5W! 8N^H,L8E-@(C
* :@

AQ!! privacy-mode des56 5>5W! 8N^H,L8E-@(C * :@AQ!!

snmp-agent trap source Vlanif3

snmp-agent trap enable

＃

return

5. AC 的配置

＃

sysname AC

＃

vlan batch 205

＃

interface Vlanif205

ip address 192. 168. 205. 253 255. 255. 255. 0

＃

interface GigabitEthernet0/0/1

port link-type access

port default vlan 205

＃

snmp-agent local-engineid 800007DB03000000000000

snmp-agent group v3 datacom privacy

snmp-agent target-host trap-hostname nms address 192. 168. 100. 2 udp-port 162
trap-paramsname datacom

snmp-agent target-host trap-paramsname datacom v3 securityname %^% ＃TvvWF～zi
>Sgp

XL=P81^I^ * ^,(P&' UR97&h,l' eK8 %^% ＃ privacy

snmp-agent trap source Vlanif205

snmp-agent trap enable

snmp-agent

＃

ip route-static 0. 0. 0. 0 0. 0. 0. 0 192. 168. 205. 254

＃

capwap source interface vlanif205

＃

```
wlan
security-profile name WLAN-F1
security wpa-wpa2 psk pass-phrase %^%#53mQ@x*]z+u72&YdCR7A=11u&USV+9^
Qw"'O43X>%^%# aes
security-profile name WLAN-F2
security wpa-wpa2 psk pass-phrase %^%#YKB4ZI%zFQxmOS76yL08],Z41lhJV"S[db
(kar0X%^%# aes
security-profile name WLAN-F3
security wpa-wpa2 psk pass-phrase %^%#|8)z/PyjUlssX8Cr(3M=%x\{CP*t,
BCahW84sqvK%^%# aes
ssid-profile name WLAN-F1
ssid WLAN-F1
ssid-profile name WLAN-F2
ssid WLAN-F2
ssid-profile name WLAN-F3
ssid WLAN-F3
vap-profile name WLAN-F1
service-vlan vlan-id 105
ssid-profile WLAN-F1
security-profile WLAN-F1
vap-profile name WLAN-F2
service-vlan vlan-id 106
ssid-profile WLAN-F2
security-profile WLAN-F2
vap-profile name WLAN-F3
service-vlan vlan-id 107
ssid-profile WLAN-F3
security-profile WLAN-F3
ap-group name WLAN-F1
radio 0
vap-profile WLAN-F1 wlan 1
radio 1
vap-profile WLAN-F1 wlan 1
radio 2
vap-profile WLAN-F1 wlan 1
ap-group name WLAN-F2
radio 0
vap-profile WLAN-F2 wlan 2
radio 1
```

```
vap-profile WLAN-F2 wlan 2
radio 2
vap-profile WLAN-F2 wlan 2
ap-group name WLAN-F3
radio 0
vap-profile WLAN-F3 wlan 2
radio 1
vap-profile WLAN-F3 wlan 2
radio 2
vap-profile WLAN-F3 wlan 2
ap-id 0 type-id 60 ap-mac 00e0-fcca-2e20 ap-sn 2102354483108B3A413A
ap-name F1-AP1
ap-group WLAN-F1
ap-id 1 type-id 60 ap-mac 00e0-fcf0-7bc0 ap-sn 210235448310D45A674C
ap-name F2-AP1
ap-group WLAN-F2
ap-id 2 type-id 60 ap-mac 00e0-fcb2-72f0 ap-sn 210235448310C73E4033
ap-name F3-AP1
ap-group WLAN-F3
#
return
```

6.F1-ACC1 的配置

```
#
sysname F1-ACC1
#
vlan batch 100 105 205
#
interface Vlanif1
ip address 192.168.1.1 255.255.255.0
#
interface GigabitEthernet0/0/1
port link-type trunk
port trunk allow-pass vlan 100 105 205
#
interface GigabitEthernet0/0/2
port link-type access
port default vlan 100
#
interface GigabitEthernet0/0/3
```

```
port link-type access
port default vlan 100
#
interface GigabitEthernet0/0/4
port link-type access
port default vlan 100
#
interface GigabitEthernet0/0/5
port link-type access
port default vlan 100
#
interface GigabitEthernet0/0/6
port link-type access
port default vlan 100
#
interface GigabitEthernet0/0/7
port link-type access
port default vlan 100
#
interface GigabitEthernet0/0/8
port link-type access
port default vlan 100
#
interface GigabitEthernet0/0/9
port link-type access
port default vlan 100
#
interface GigabitEthernet0/0/10
port link-type access
port default vlan 100
#
interface GigabitEthernet0/0/20
port link-type trunk
port trunk pvid vlan 205
port trunk allow-pass vlan 105 205
#
ip route-static 0.0.0.0 0.0.0.0 192.168.1.254
#
snmp-agent
```

```
snmp-agent local-engineid 800007DB034C1FCC03178D
snmp-agent sys-info version v3
snmp-agent group v3 datacom privacy
snmp-agent target-host trap address udp-domain 192.168.100.2 params securi-
tyname datacom v3
snmp-agent usm-user v3 test datacom authentication-mode md5 3@^>FD5！85E'A！
>CAH"1
U1！！privacy-mode des56 3@^>FD5！85E'A！>CAH"1U1！！
snmp-agent trap source Vlanif1
snmp-agent trap enable
#
return
```

7.F2-ACC1 的配置

```
#
sysname F2-ACC1
#
vlan batch 2 102
#
interface Vlanif2
ip address 192.168.2.1 255.255.255.0
#
interface Ethernet0/0/1
port link-type access
port default vlan 102
#
interface Ethernet0/0/2
port link-type access
port default vlan 102
#
interface Ethernet0/0/3
port link-type access
port default vlan 102
#
interface Ethernet0/0/4
port link-type access
port default vlan 102
#
interface Ethernet0/0/5
port link-type access
```

```
port default vlan 102
#
interface Ethernet0/0/6
port link-type access
port default vlan 102
#
interface Ethernet0/0/7
port link-type access
port default vlan 102
#
interface Ethernet0/0/8
port link-type access
port default vlan 102
#
interface Ethernet0/0/9
port link-type access
port default vlan 102
#
interface Ethernet0/0/10
port link-type access
port default vlan 102
#
interface Ethernet0/0/11
port link-type access
port default vlan 102
#
interface Ethernet0/0/12
port link-type access
port default vlan 102
#
interface Ethernet0/0/13
port link-type access
port default vlan 102
#
interface Ethernet0/0/14
port link-type access
port default vlan 102
#
interface Ethernet0/0/15
```

```
port link-type access
port default vlan 102
#
interface Ethernet0/0/16
port link-type access
port default vlan 102
#
interface Ethernet0/0/17
port link-type access
port default vlan 102
#
interface Ethernet0/0/18
port link-type access
port default vlan 102
#
interface Ethernet0/0/19
port link-type access
port default vlan 102
#
interface Ethernet0/0/20
port link-type access
port default vlan 102
#
interface Ethernet0/0/21
port link-type access
port default vlan 102
#
interface Ethernet0/0/22
port link-type access
port default vlan 102
#
interface GigabitEthernet0/0/1
port link-type trunk
port trunk pvid vlan 2
port trunk allow-pass vlan 2 102
#
snmp-agent
snmp-agent local-engineid 800007DB034C1FCC456509
snmp-agent sys-info version v3
```

snmp-agent group v3 datacom privacy

snmp-agent target-host trap address udp-domain 192. 168. 100. 2 params securi-
tyname

datacom v3

snmp-agent usm-user v3 test datacom authentication-mode md5（H\O $ K, P78：9；\
H&H"Ma

＋A！！ privacy-mode des56(H\O $ K,P78:9;\H&H"Ma＋A！！

snmp-agent trap source Vlanif2

snmp-agent trap enable

\#

return

8.F2-ACC2 的配置

\#

sysname F2-ACC2

\#

vlan batch 2 101 106 206

\#

interface Vlanif1

\#

interface Vlanif2

ip address 192.168.2.2 255.255.255.0

\#

interface Ethernet0/0/1

port link-type access

port default vlan 101

\#

interface Ethernet0/0/2

port link-type access

port default vlan 101

\#

interface Ethernet0/0/3

port link-type access

port default vlan 101

\#

interface Ethernet0/0/4

port link-type access

port default vlan 101

\#

interface Ethernet0/0/5

```
port link-type access
port default vlan 101
#
interface Ethernet0/0/6
port link-type access
port default vlan 101
#
interface Ethernet0/0/7
port link-type access
port default vlan 101
#
interface Ethernet0/0/8
port link-type access
port default vlan 101
#
interface Ethernet0/0/9
port link-type access
port default vlan 101
#
interface Ethernet0/0/10
port link-type access
port default vlan 101
#
interface Ethernet0/0/11
port link-type access
port default vlan 101
#
interface Ethernet0/0/12
port link-type access
port default vlan 101
#
interface Ethernet0/0/13
port link-type access
port default vlan 101
#
interface Ethernet0/0/14
port link-type access
port default vlan 101
#
```

```
interface Ethernet0/0/15
port link-type access
port default vlan 101
#
interface Ethernet0/0/16
port link-type access
port default vlan 101
#
interface Ethernet0/0/17
port link-type access
port default vlan 101
#
interface Ethernet0/0/18
port link-type access
port default vlan 101
#
interface Ethernet0/0/19
port link-type access
port default vlan 101
#
interface Ethernet0/0/20
port link-type trunk
port trunk pvid vlan 206
port trunk allow-pass vlan 106 206
#
interface GigabitEthernet0/0/1
port link-type trunk
port trunk pvid vlan 2
port trunk allow-pass vlan 2 101 106 206
#
ip route-static 0.0.0.0 0.0.0.0 192.168.2.254
#
snmp-agent
snmp-agent local-engineid 800007DB034C1FCCA5263C
snmp-agent sys-info version v3
snmp-agent group v3 datacom privacy
snmp-agent target-host trap address udp-domain 192.168.100.2 params securi-
tyname
 datacom v3
```

snmp-agent usm-user v3 test datacom authentication-mode md5 RN,＜E0K"S8Z3K7.NSN8＋

L1!! privacy-mode des56 RN,＜E0K"S8Z3K7.NSN8＋L1!!

snmp-agent trap source Vlanif2

snmp-agent trap enable

\#

return

9.F2-ACC3 的配置

\#

sysname F2-ACC3

\#

vlan batch 2 102

\#

interface Vlanif2

ip address 192.168.2.3 255.255.255.0

\#

interface Ethernet0/0/1

port link-type access

port default vlan 102

\#

interface Ethernet0/0/2

port link-type access

port default vlan 102

\#

interface Ethernet0/0/3

port link-type access

port default vlan 102

\#

interface Ethernet0/0/4

port link-type access

port default vlan 102

\#

interface Ethernet0/0/5

port link-type access

port default vlan 102

\#

interface Ethernet0/0/6

port link-type access

port default vlan 102

```
#
interface Ethernet0/0/7
port link-type access
port default vlan 102
#
interface Ethernet0/0/8
port link-type access
port default vlan 102
#
interface Ethernet0/0/9
port link-type access
port default vlan 102
#
interface Ethernet0/0/10
port link-type access
port default vlan 102
#
interface Ethernet0/0/11
port link-type access
port default vlan 102
#
interface Ethernet0/0/12
port link-type access
port default vlan 102
#
interface Ethernet0/0/13
port link-type access
port default vlan 102
#
interface Ethernet0/0/14
port link-type access
port default vlan 102
#
interface Ethernet0/0/15
port link-type access
port default vlan 102
#
interface Ethernet0/0/16
port link-type access
```

port default vlan 102
#
interface Ethernet0/0/17
port link-type access
port default vlan 102
#
interface Ethernet0/0/18
port link-type access
port default vlan 102
#
interface Ethernet0/0/19
port link-type access
port default vlan 102
#
interface Ethernet0/0/20
port link-type access
port default vlan 102
#
interface Ethernet0/0/21
port link-type access
port default vlan 102
#
interface Ethernet0/0/22
port link-type access
port default vlan 102
#
interface GigabitEthernet0/0/1
port link-type trunk
port trunk pvid vlan 2
port trunk allow-pass vlan 2 102
#
ip route-static 0.0.0.0 0.0.0.0 192.168.2.254
#
snmp-agent
snmp-agent local-engineid 800007DB034C1FCC6E2774
snmp-agent sys-info version v3
snmp-agent group v3 datacom privacy
snmp-agent target-host trap address udp-domain 192.168.100.2 params securi-
tyname

datacom v3

snmp-agent usm-user v3 test datacom authentication-mode md5 :S@4 ＊ ＃] ％ O_-M9
＝:＞$ BB:

7!!! privacy-mode des56 :S@4 ＊ ＃] ％ O_-M9＝:＞$ BB:7!!!

snmp-agent trap source Vlanif2

snmp-agent trap enable

＃

return

10.F3-ACC1 的配置

＃

sysname F3-ACC1

＃

vlan batch 3 103 to 104

＃

interface Vlanif3

ip address 192.168.3.1 255.255.255.0

＃

interface Ethernet0/0/1

port link-type access

port default vlan 103

＃

interface Ethernet0/0/2

port link-type access

port default vlan 103

＃

interface Ethernet0/0/3

port link-type access

port default vlan 103

＃

interface Ethernet0/0/4

port link-type access

port default vlan 103

＃

interface Ethernet0/0/5

port link-type access

port default vlan 103

＃

interface Ethernet0/0/6

port link-type access

```
port default vlan 103
#
interface Ethernet0/0/7
port link-type access
port default vlan 103
#
interface Ethernet0/0/8
port link-type access
port default vlan 103
#
interface Ethernet0/0/9
port link-type access
port default vlan 103
#
interface Ethernet0/0/10
port link-type access
port default vlan 103
#
interface Ethernet0/0/11
port link-type access
port default vlan 104
#
interface Ethernet0/0/12
port link-type access
port default vlan 104
#
interface Ethernet0/0/13
port link-type access
port default vlan 104
#
interface Ethernet0/0/14
port link-type access
port default vlan 104
#
interface Ethernet0/0/15
port link-type access
port default vlan 104
#
interface Ethernet0/0/16
```

```
    port link-type access
    port default vlan 104
    #
    interface Ethernet0/0/17
    port link-type access
    port default vlan 104
    #
    interface Ethernet0/0/18
    port link-type access
    port default vlan 104
    #
    interface Ethernet0/0/19
    port link-type access
    port default vlan 104
    #
    interface Ethernet0/0/20
    port link-type access
    #
    interface GigabitEthernet0/0/1
    port link-type trunk
    port trunk pvid vlan 3
    port trunk allow-pass vlan 3 103 to 104
    #
    ip route-static 0.0.0.0 0.0.0.0 192.168.3.254
    #
    snmp-agent
    snmp-agent local-engineid 800007DB034C1FCCC75F9A
    snmp-agent sys-info version v3
    snmp-agent group v3 datacom privacy
    snmp-agent target-host trap address udp-domain 192.168.100.2 params securi-
tyname
    datacom v3
    snmp-agent usm-user v3 test datacom authentication-mode md5 FD5[3#*%a/! W
$ IOS;(RD
    3Q!! privacy-mode des56 FD5[3#*%a/! W$ IOS;(RD3Q!!
    snmp-agent trap source Vlanif3
    snmp-agent trap enable
    #
    return
```

11. F3-ACC2 的配置

```
#
sysname F3-ACC2
#
vlan batch 3 103 107 207
#
interface Vlanif3
ip address 192.168.3.2 255.255.255.0
#
interface MEth0/0/1
#
interface Ethernet0/0/1
port link-type access
port default vlan 103
#
interface Ethernet0/0/2
port link-type access
port default vlan 103
#
interface Ethernet0/0/3
port link-type access
port default vlan 103
#
interface Ethernet0/0/4
port link-type access
port default vlan 103
#
interface Ethernet0/0/5
port link-type access
port default vlan 103
#
interface Ethernet0/0/6
port link-type access
port default vlan 103
#
interface Ethernet0/0/7
port link-type access
port default vlan 103
#
```

```
interface Ethernet0/0/8
port link-type access
port default vlan 103
#
interface Ethernet0/0/9
port link-type access
port default vlan 103
#
interface Ethernet0/0/10
port link-type access
port default vlan 103
#
interface Ethernet0/0/11
port link-type access
port default vlan 103
#
interface Ethernet0/0/12
port link-type access
port default vlan 103
#
interface Ethernet0/0/13
port link-type access
port default vlan 103
#
interface Ethernet0/0/14
port link-type access
port default vlan 103
#
interface Ethernet0/0/15
port link-type access
port default vlan 103
#
interface Ethernet0/0/16
port link-type access
port default vlan 103
#
interface Ethernet0/0/17
port link-type access
port default vlan 103
```

```
#
interface Ethernet0/0/18
port link-type access
port default vlan 103
#
interface Ethernet0/0/19
port link-type access
port default vlan 103
#
interface Ethernet0/0/20
port link-type trunk
port trunk pvid vlan 207
port trunk allow-pass vlan 107 207
#
interface GigabitEthernet0/0/1
port link-type trunk
port trunk pvid vlan 3
port trunk allow-pass vlan 3 103 107 207
#
ip route-static 0.0.0.0 0.0.0.0 192.168.3.254
#
snmp-agent
snmp-agent local-engineid 800007DB034C1FCCF3804A
snmp-agent sys-info version v3
snmp-agent group v3 datacom privacy
snmp-agent target-host trap address udp-domain 192.168.100.2 params securi-
tyname
datacom v3
snmp-agent usm-user v3 test datacom authentication-mode md5 0=.SBW74%B[6NT)
>.>:]
aA!! privacy-mode des56 0=.SBW74%B[6NT)>.>:]aA!!
snmp-agent trap source Vlanif3
snmp-agent trap enable
#
return
```

12.F3-ACC3 的配置

```
#
sysname F3-ACC3
#
```

```
vlan batch 3 103 to 104
#
interface Vlanif3
ip address 192.168.3.3 255.255.255.0
#
interface Ethernet0/0/1
port link-type access
port default vlan 103
#
interface Ethernet0/0/2
port link-type access
port default vlan 103
#
interface Ethernet0/0/3
port link-type access
port default vlan 103
#
interface Ethernet0/0/4
port link-type access
port default vlan 103
#
interface Ethernet0/0/5
port link-type access
port default vlan 103
#
interface Ethernet0/0/6
port link-type access
port default vlan 103
#
interface Ethernet0/0/7
port link-type access
port default vlan 103
#
interface Ethernet0/0/8
port link-type access
port default vlan 103
#
interface Ethernet0/0/9
port link-type access
```

```
port default vlan 103
#
interface Ethernet0/0/10
port link-type access
port default vlan 103
#
interface Ethernet0/0/11
port link-type access
port default vlan 104
#
interface Ethernet0/0/12
port link-type access
port default vlan 104
#
interface Ethernet0/0/13
port link-type access
port default vlan 104
#
interface Ethernet0/0/14
port link-type access
port default vlan 104
#
interface Ethernet0/0/15
port link-type access
port default vlan 104
#
interface Ethernet0/0/16
port link-type access
port default vlan 104
#
interface Ethernet0/0/17
port link-type access
port default vlan 104
#
interface Ethernet0/0/18
port link-type access
port default vlan 104
#
interface Ethernet0/0/19
```

```
port link-type access
port default vlan 104
#
interface Ethernet0/0/20
port link-type access
#
interface GigabitEthernet0/0/1
port link-type trunk
port trunk pvid vlan 3
port trunk allow-pass vlan 3 103 to 104
#
ip route-static 0.0.0.0 0.0.0.0 192.168.3.254
#
snmp-agent
snmp-agent local-engineid 800007DB034C1FCC224BC2
snmp-agent sys-info version v3
snmp-agent group v3 datacom privacy
snmp-agent target-host trap address udp-domain 192.168.100.2 params securi-
tyname
datacom v3
snmp-agent usm-user v3 test datacom authentication-mode md5 P,5R[2VCVEX8"$Y!
=87,
1A!! privacy-mode des56 P,5R[2VCVEX8"$Y! =87,1A!!
snmp-agent trap source Vlanif3
snmp-agent trap enable
#
Return
```

9.2.2 结果验证

略。

思考与练习

1. 在本项目中，CORE1、F2-AGG1 及 F3-AGG1 构成了一个物理上的环路，但是在网络规划与设计阶段，我们将上述三台设备之间的互联链路划在了不同的 VLAN 中，从而在 VLAN 的层面，实现了网络的破环。但是，在实验过程中，读者可能会发现，其中两台设备的邻接关系无法正确建立，请思考出现该现象的根本原因，并给出解决方案。

2. 在本章中，你学到了什么知识？这些知识对你日后的工作或学习有什么帮助？

参考文献

[1] 戴有炜.Windows Server 2012 系统配置指南[M].北京:清华大学出版社,2014.

[2] 杭州华三通信技术有限公司.IPv6 技术[M].北京:清华大学出版社,2010.

[3] 杭州华三通信技术有限公司.路由交换技术第 1 卷(上册)[M].北京:清华大学出版社,2011.

[4] 雷咏梅,赵霖.计算机网络信息安全保密技术[M].北京:清华大学出版社,2003.

[5] 李子臣.密码学——基础理论与应用[M].北京:电子工业出版社,2019.

[6] 罗斯.UNIX 系统安全工具[M].前导工作室,译.北京:机械工业出版社,2000.

[7] 王路群.计算机网络基础及应用[M].4 版.北京:电子工业出版社,2016.

[8] 谢希仁.计算机网络[M].8 版.北京:电子工业出版社,2021.

[9] 于鹏,丁喜纲.计算机网络技术项目教程(高级网络管理员级)[M].北京:清华大学出版社,2014.

[10] 张晖,杨云.计算机网络项目实训教程[M].北京:清华大学出版社,2014.

[11] 张健,张良均.Python 编程基础[M].北京:人民邮电出版社,2018.